桃病虫害
快速鉴别与防治妙招

王天元　编

U0196712

化学工业出版社

·北京·

图书在版编目（CIP）数据

桃病虫害快速鉴别与防治妙招 / 王天元编. —北京：
化学工业出版社，2019.11（2025.5重印）
　ISBN 978-7-122-35125-8

　Ⅰ.① 桃… 　Ⅱ.① 王… 　Ⅲ.① 桃-病虫害防治
Ⅳ.① S436.621

中国版本图书馆CIP数据核字（2019）第191697号

责任编辑：邵桂林　　　　　　　　　装帧设计：关　飞
责任校对：王鹏飞

出版发行：化学工业出版社
　　　　　（北京市东城区青年湖南街13号　邮政编码100011）
印　　装：涿州市般润文化传播有限公司
850mm×1168mm　1/32　印张5　字数129千字
2025年5月北京第1版第3次印刷

购书咨询：010-64518888　　　　　售后服务：010-64518899
网　　址：http://www.cip.com.cn
凡购买本书，如有缺损质量问题，本社销售中心负责调换。

定　　价：39.00元

病虫害防治是桃树生产的重要保障。我国每年由于病虫害造成的损失达25%～30%，在病虫害防治上，过去单一依赖化学药剂防治，但由于长期大量使用农药，病虫害产生耐药性，天敌数量严重减少或灭绝，一些过去的次要害虫变得猖獗，并且造成农药残留污染超标的被动局面。在当前果品品质受到高度重视的形势下，果品生产的安全性受到了更多的关注，果品安全生产成为保证安全的源头。既要减少化学药剂在果园的污染，同时又要保证丰产、稳产、高效，已成为果树生产的重要举措。应充分利用整个农业的生态系统，应用综合防治方法，采取可持续治理的策略，控制果园的病虫害。

为了适应桃树生产的需求，笔者结合各地桃生产及实践经验，编写了本书。书中主要介绍了桃病虫害为害症状、快速鉴别方法、病害病原及发病规律、虫害生活习性及发生规律、虫害形态特征及病虫害的综合防治方法；另外，书中设计了"提示"和"注意"等小栏目，以引起读者的注意。全书内容详细、科学实用、通俗易懂、图文并茂，贴近农业生产、贴近农村生活、贴近果农需要，是果农致富的好帮手。本书适合广大果树种植户、果树技术人员及农林院校相关专业师生学习阅读参考。

在编写过程中，笔者得到了有关专家和单位的大力支持与帮助，在此表示衷心的感谢！

　　尽管笔者主观上力图将理论与实践、经验与创新、当前与长远充分结合起来以写好此书，但由于水平有限，加之编写时间仓促，疏漏和不妥之处在所难免，敬请广大读者批评指正，以便将来再版时修改和完善。

王天元

2019年10月

目录

第三章　桃主要虫害的快速鉴别与防治 / 77

第四章　桃树病虫害无公害综合防治 / 131

参考文献 / 154

第一章

桃树主要传染性病害的
快速鉴别与防治

　　桃树抗病虫害能力很弱，最易受蚜虫、红蜘蛛、天牛等害虫为害，还易发生褐斑病、缩叶病、枝干流胶病等病害。据不完全统计，我国为害桃树的病害有60余种，虫害有230多种，但真正需要防治的常见病虫害仅有20余种，如桃穿孔病、桃疮痂（黑星）病、桃溃疡病、桃褐腐病、桃炭疽病、桃缩叶病、桃流胶病、桃树根腐病等病害，以及桃蚜、桃粉蚜、桃瘤蚜、山楂叶螨、二斑叶螨、桃小绿叶蝉、桃潜叶蛾、梨小食心虫、棉褐带卷蛾、桃蛀螟、朝鲜球坚蚧、草履蚧、桑白蚧和桃红颈天牛等虫害。病虫害在不同的桃园，发生轻重程度不一，有的需要防治，有的可以实行兼治，有的不需要防治，应根据实际情况，因地制宜地，灵活地确定桃树病虫害防治的重点和方法。

一、桃缩叶病

　　也叫肿叶病，是桃树春季常见的一种病害。在春季多雨、低温的条件下，最容易发生。在国内各地的桃产区，都有发生和为害，特别是在南方各省区发病相对严重，内陆干旱地区很少发生。主要为害叶片、侵染新梢和果实，病害流行的年份，引起春梢的叶片大量早期脱落，不仅影响当年的产量，而且常引起二次萌芽展叶，削弱树势，对下一年的产量也有严重的不良影响；受害严重时，甚至导致植株过早衰亡。该病主要为害桃、碧桃、樱桃、杏、李等核果类果树。

1.症状与快速鉴别

主要为害幼嫩组织，其中以嫩叶为主，嫩梢、花和幼果亦可受害（图1-1）。

春季发芽时，嫩叶刚从芽鳞抽出，即可受害；感病嫩叶卷曲变形，颜色发红，变厚膨胀；随着叶片逐渐展开，病叶肿大肥厚，卷曲加重，皱缩扭曲，质地变脆，呈红褐色，在叶片表面长出一层银白色（灰白色）粉状物，病叶变褐色，焦枯脱落；腋芽以后可再次长出新叶，长出的新叶一般不再受害。

嫩枝发病，枝梢呈灰绿色或黄绿色，节间缩短，略为粗肿，病枝上常形成簇生卷缩的病叶；为害严重时，病梢扭曲，生长停滞，向下枯死，最后整枝枯死，甚至有的大枝或全株枯死。

幼果发病，最初产生黄色或红色病斑，微隆起；随着果实增大，渐变为褐色；后期病果畸形，果面龟裂，有疮疤，易早期脱落。较大的果实受害，果实变红色，病部肿大，茸毛脱落，表面光滑。

图1-1　桃缩叶病为害叶片和果实症状

2.病原及发病规律

病原为畸形外囊菌，属子囊菌亚门真菌。

病原菌以子囊孢子或芽孢子在树皮或芽鳞片中越夏；条件合适时，孢子会继续芽殖，以厚壁的芽孢子在鳞片、树皮中或土中越冬。翌年早春，桃芽萌发期间，芽孢子萌发，直接从表皮或气孔侵入正在伸展的嫩叶，进行初侵染，一般不发生再侵染。在4月上旬展叶后，病症开始发生，5月为发病盛期。春季桃芽膨大和展叶期，由于叶片幼嫩，易被感染；如果气温在10～16℃，经常下雨，遇到冷凉潮湿的阴雨天气，往往促使该病的大流行。桃芽容易遭受病菌的侵染，展叶后，病菌仍可侵入叶片为害，刺激叶片中的细胞分裂，使病叶肥厚，皱缩变色。

一般在4～5月发病，当年为害一般只发生1次；在江河沿岸、湖畔及低洼潮湿地桃园，发病重；实生苗桃树比芽接桃树易发病；中、晚熟品种较早熟品种发病轻。

3.防治妙招

（1）农业防治 新建桃园，提倡栽植既高产优质又抗病的品种；对于进入结果期的桃园，要加强土、肥、水管理，精心整形修剪，改善通风透光条件；发病严重的桃园，应及时追肥、灌水，增强树势，提高树体的抗病能力，以免影响当年和下一年结果。在4～5月，结合生长期修剪，防治桃红颈天牛等幼虫为害；发现缩叶病叶片，立即摘除病叶，集中烧毁；在初夏前，争取使桃缩叶病不形成白色粉状物。

（2）药剂防治 休眠期，喷布3～5波美度的石硫合剂，铲除越冬病原菌。

春季桃芽开始膨大，花芽露红而未展开时，是防治桃缩叶病的关键时期。常用杀菌剂为3～5波美度的石硫合剂，或1:1:100倍的波尔多液＋锌加硒，或50%硫悬浮剂600倍液，或70%甲基托布津可湿性粉剂1000倍液，或10%苯醚甲环唑水分散粒剂2000倍液，或65%代森锌可湿性粉剂600～800倍液，或75%百菌清可湿性粉剂600～800倍液，或50%多菌灵可湿性粉剂600～800倍液，或70%代森锰锌可湿性粉剂500倍液，或2%氨基寡糖素600倍液，或32%核苷溴吗啉胍800～1000倍液，或50%多菌灵胶悬剂1000倍液。也可喷施45%晶体石硫合剂或2%氨基寡糖素＋锌加硒预防病毒病，或70%代森锰锌可湿性粉剂500倍液＋锌加硒，或70%甲基硫菌灵可湿性粉剂1000倍液＋锌加硒等。消灭树上越冬病菌，能够控制初侵染的发生，效果很好。

二、桃白粉病

桃白粉病为害桃树时，可引起早期落叶，果实发病，引起褐色斑点；可为害桃、杏、李、樱桃、梅树等。

1.症状与快速鉴别

主要为害叶片、新梢，有时也可为害果实（图1-2）。

（1）叶片染病　背面呈现白色、边缘不清晰的近圆形菌丝丛，表面黄绿色；严重时，菌丝丛覆盖全部叶面；幼叶被害，叶面不平，呈波状。秋季，菌丝中呈现黑色小球状物，为病原菌的闭囊壳。

（2）新梢被害　在老化前，也常出现白色菌丝。

（3）果实被害　5～6月即出现白色圆形或不规则形的菌丝丛，呈粉状，接着表皮附近组织枯死，形成浅褐色病斑，以后病斑稍凹陷，硬化。

图1-2　桃白粉病为害叶片及果实症状

2.病原及发病规律

病原为子囊菌亚门核菌纲白粉菌目三指叉丝单囊壳菌，属真菌。

病菌于10月以后，形成黑色闭囊壳，以此越冬；翌春放出子囊孢子，进行初侵染，形成分生孢子后，进一步扩散蔓延。分生孢子萌发温度为4～35℃，适温为21～27℃，在直射阳光下经3～4小时，或在散射光下经24小时，即丧失萌发力；但抗霜冻能力较强，遇晚霜仍可萌发。

3.防治妙招

（1）**清园**　秋后清理果园，扫除落叶，带出园外，集中烧毁。

（2）**药剂防治**　发病期喷洒0.3波美度的石硫合剂或25%粉锈宁3000倍液，或70%甲基硫菌灵可湿性粉剂1500倍液，喷1～2次。

三、桃花叶病

是一种病毒病，该病只寄生桃，扁桃无此病发生。在保护地桃树栽培中曾大量发生，在国内出现相对较少，但近些年，随着从国外引种不断增多，该病害也有蔓延扩展的趋势。

1.症状与快速鉴别

感病后，生长缓慢，开花略晚，果实稍扁、微有苦味；早春发芽后不久，即出现黄叶，4～5月最多，但到7～8月，病害减轻，或不表现黄叶；有的年份，可能不表现症状，具有潜伏隐藏性（图1-3）。

图1-3　桃花叶病为害症状

2.病原及发病规律

病原为桃潜隐花叶类病毒。

主要通过嫁接传播，无论是砧木还是接穗带毒，均可形成新的病株，通过苗木销售可传播到各地。在同一桃园，修剪、蚜虫、瘿螨都可以传播病毒；在病株周围20米范围内，花叶病相当普遍。

高温病症严重，尤其在保护地桃树栽培中，发病较重。

3.防治妙招

（1）**加强检疫，培养无毒苗**　采用无毒材料（砧木和接穗），进行苗木繁育。

（2）**控制病株**　在局部地区发现病株，及时挖除销毁，防止扩散；若发现有病株，不得使接穗和砧木外流；嫁接、修剪的刀具要消毒，避免人为传染。

（3）**加强管理**　局部地块对病株要加强管理，增施有机肥，提高抗病能力。

（4）**药剂防治**　蚜虫发生期，喷药防治蚜虫。可用10%吡虫啉可湿性粉剂2000～3000倍液；或10%氯氰菊酯乳油2000～3000倍液；或80%敌敌畏乳油1000～1500倍液；或50%抗蚜威可湿性粉剂1000～2000倍液等。

可喷布20%吗胍•乙酸铜可湿性粉剂（为病毒防治剂）500～600倍液，加入小黄叶绝等植物复合营养液作为叶面肥，起到药肥双效作用。

四、桃红叶病

桃红叶病从1980年开始发生，较为频繁，部分地区的病害十分严重，现在已成为我国北方部分桃产区较为严重的叶部病害之一，对我国北方桃产区已经造成较大的损失。

1.症状与快速鉴别

春季萌芽期，嫩叶红化，病叶背面红色，叶面粉红色，黄化或脉间失绿；随着病情加重，红色更加鲜艳；发病重的叶片，红斑从叶尖向下逐渐焦枯，形成不规则的穿孔；受害严重的嫩芽，往往不能抽生新梢，形成春季枯芽。进入5月中旬～8月，症状较轻或不显症状。到了秋梢生长期，气温下降时，新梢顶部又可出现红化症状或红斑。不能抽生新梢，致1年生枝局部或全部干枯，影响树冠扩展（图1-4）。

果实成熟迟，严重时，果实出现果顶秃尖，变成畸形、味淡，品质下降。

图1-4　桃红叶病为害症状

2.病原及发病规律

病原为多种病毒和植原体。

可通过嫁接或昆虫传播，病株在田间分布，属中心式传播型。该病与生理病害特性不符，表现出传染性病害的分布特性。

气温在20℃以下时易发病，树冠外围上部、生长旺盛的直立枝和延长枝发病较重。

3.防治妙招

（1）**培育无毒苗**　严格选用无病毒接穗嫁接桃苗，培养无毒苗。

（2）**淘汰病树**　加强田间检查，发现病苗及时拔除、烧毁或深埋，以控制病害蔓延、发展；刨除丧失结果能力的重病树及幼树，改植健壮无病树。

（3）**加强病树管理**　大树轻微发病的，增施有机肥，适当重剪，增强树势，减轻为害。

（4）**及时喷药治虫**　防治蚜虫、叶蝉、红蜘蛛、蝽象等刺吸式口器昆虫，避免害虫传播。

（5）**药剂防治**　春季桃树发芽后，喷20%吗胍·乙酸铜病毒防治剂，加入0.005%～0.01%的增产灵1～2次，或小叶灭绝等叶面肥1～2次，可减轻病情。

五、桃细菌性穿孔病

为桃树较为重要的病害之一，在我国分布较广，发病率较高，各桃产区都有发生，特别是在沿海、沿湖地区和排水不良的果园以及多雨年份，易大面积发生，严重为害桃树正常生长发育。如果防治不及时，造成大量落叶，减少树体营养的积累，影响花芽的形成，不仅削弱树势、当年减产，而且会影响下一年的结果，造成产量歉收。除为害桃树外，还能为害李、杏和樱桃树等多种核果类果树。

1.症状与快速鉴别

主要为害叶片，也可为害果实和枝梢（图1-5）。

（1）**叶片受害**　开始为害时，产生半透明油浸状小斑点，后逐渐扩大，呈圆形或不规则圆形，紫褐色或褐色，周围有淡黄色晕环。天气潮湿时，在病斑的背面，常溢出黄白色胶黏的菌脓。后期病斑干枯，在病、健部交界处，发生一圈裂纹，很易脱落，形成穿孔。

图1-5　桃细菌性穿孔病为害症状

（2）**枝梢**　有两种病斑：一种称春季溃疡病斑，另一种称夏季溃疡病斑。春季溃疡病斑呈油浸状，微带褐色，稍隆起，春末病部表皮破裂，呈溃疡状。夏季溃疡病斑多发生在嫩梢上，开始发病时，环绕皮孔，形成油浸状、暗紫色斑点，中央稍下陷，并有油浸状的边缘。

（3）**果实**　也可为害果实，造成品质下降。

2.病原及发病规律

病原为野油菜黄单孢菌致病变种，属薄壁菌门黄单孢菌属，属细菌性病害。

病原细菌在春季溃疡病斑组织内越冬，翌年春季气温升高后，越冬的细菌开始活动，枝梢发病，形成春季溃疡。桃树开花前后，通过风雨和昆虫传播，从叶片的气孔和枝梢、果实上的皮孔侵入，进行初侵染。病害一般在5月上、中旬开始发生，6月梅雨期蔓延最快，10～11月后，多在被害枝梢上越冬。夏季高温干旱天气，病害发展受到抑制；至秋雨期，又有一次扩展过程。

温度适宜，雨水频繁或多雾、重雾季节，发病重；温度高、湿度大时，有利于该病的发生。果园郁闭、排水不良、土壤瘠薄板结、通风透光差、缺肥或偏施氮肥，都会导致树势变弱，发病较重。管理粗放，树体衰弱，偏施氮肥，树体徒长等，均会加重该病的发生。

3.防治妙招

（1）**农业防治**　春后要注意开沟排水，达到雨停水干，降低空气湿度；增施有机肥和磷、钾肥，避免偏施氮肥；适当增加内膛疏枝量，改善通风透光条件，促使树体生长健壮，提高抗病能力；冬季清园修剪，彻底剪除枯枝、病梢，及时清扫落叶、落果等，集中烧毁，消灭越冬菌源；建园时，避免与李、杏等其他核果类果树混栽。

（2）**药剂防治**　芽膨大前期，喷1:1:100倍波尔多液，或45%晶体石硫合剂30倍液，或30%碱式硫酸铜胶悬剂300～500倍液等药剂，杀灭越冬病菌。

展叶后至发病前，是防治的关键时期。可喷施1:1:100倍波尔多液，或77%氢氧化铜可湿性粉剂400～600倍液，或30%碱式硫酸铜悬浮剂300～400倍液，或86.2%氧化亚铜可湿性粉剂2000～2500倍液，或47%氧氯化铜可湿性粉剂300～500倍液，或30%琥胶肥酸铜可湿性粉剂400～500倍液，或25%络氨铜水剂500～600倍液，或20%乙酸铜可湿性粉剂800～1000倍液，或12%松脂酸铜乳油600～800倍液等，间隔10～15天，喷药1次。

六、桃褐斑穿孔病

在我国各地的桃主产区经常发生，而且近年来，该病害有越来越明显的加重发展趋势，影响桃花芽的形成，进而导致桃产量降低。

1.症状与快速鉴别

主要为害叶片，也可为害新梢和果实（图1-6）。

叶片染病，最初形成圆形或近圆形病斑，边缘紫色，略带环纹，直径1～4毫米，后期病斑上长出灰褐色霉状物，中部干枯脱落，形成穿孔，穿孔的边缘整齐；穿孔多时，叶片脱落。

新梢、果实染病，症状与叶片相似。

图1-6　桃褐斑穿孔病为害症状

2.病原及发病规律

病原为核果尾孢霉，属半知菌亚门真菌；有性世代为樱桃球腔菌,属子囊菌亚门真菌。

以菌丝体在病叶或枝梢病组织内越冬;翌春气温回升,降雨后,产生分生孢子,借风雨传播,侵染叶片、新梢和果实,以后病部又产生分生孢子,进行再侵染。

低温多雨,有利于病害的发生和流行。

3.防治妙招

（1）**选择抗病品种** 在能排能灌的良好地势建立果园;合理密植,科学修剪,使桃园通风透光;配方施肥,避免偏施氮肥,增强树势,提高树体抗病能力。

（2）**清除越冬菌源** 秋末冬初,结合修剪,剪除病枝、枯枝,清除僵果、残桩及落叶,集中烧毁或深埋;生长期剪除枯枝,摘除病果,防止再侵染。

（3）**果实套袋** 采用套袋栽培,可以有效地减少病果。

（4）**药剂防治** 落花后,病害发生初期,喷洒70%代森锰锌可湿性粉剂500～800倍液,或70%甲基硫菌灵可湿性粉剂800～1000倍液,或75%百菌清可湿性粉剂600～800倍液,或10%苯醚甲环唑水分散粒剂1500～2000倍液,或50%异菌脲可湿性粉剂1000～1500倍液,或60%吡唑醚菌酯·代森联水分散粒剂1000～2000倍液,或50%代森锰锌·异菌脲可湿性粉剂600～800倍液,或50%甲基硫菌灵·硫黄悬浮剂500～600倍液,间隔7～10天,防治1次,共防3～4次,即可控制病害的发展。

七、桃褐腐病

也叫果腐病、菌核病,是桃树上的重要病害之一。在我国北方、南方、沿海及西北地区均有发生,尤以华东沿海及滨湖地带受害严重;在多雨的年份,遇到蛀果类害虫严重发生时,可造成毁灭性损失。可侵染为害桃、李、杏、樱桃树等核果类果树。

1.症状与快速鉴别

主要为害桃树的果实及花、叶片、枝梢,以果实受害最重(图1-7)。

(1)果实　自幼果至成熟期,均可受害,越接近成熟时,受害越重,以近成熟期受害最重。最初在果面产生褐色圆形病斑,如果环境适宜,迅速扩大,数日内病斑即可扩至全果;果肉变褐软腐,继而病斑表面产生灰褐色绒状霉丛,即病菌的分生孢子梗和分生孢子;孢子丛常呈同心轮纹状排列,病果腐烂后,易脱落,但多数失水后,形成深褐或黑色僵果,挂在树上至翌年不落。形成的僵果是一个假菌核,是病菌越冬的重要场所。

图1-7　桃褐腐病为害果实症状

(2)花　桃花受害,常引起花腐。一般自雄蕊及花瓣尖端开始,先发生褐色水渍状斑点,后逐渐延至全花,变褐萎蔫,多雨潮湿时,呈软腐状,表面丛生灰色霉层;枯死后,常残留在枝上,经久不脱落。

(3)叶片　嫩叶受害,自叶缘开始变褐,很快扩展至全叶,致使叶片枯萎,残留于枝上,长时间不脱落。

(4)枝梢　嫩枝受害,是由病花、病叶柄蔓延而来,形成椭圆或梭形褐色凹陷溃疡病斑,边缘紫褐色,中央稍凹陷、灰褐色,常易流胶;天气潮湿时,病斑上长出灰色霉层;当病斑环绕枝干一周时,引起上部枝梢枯死(图1-8)。

2.病原及发病规律

病原为子囊菌亚门盘囊菌纲柔膜菌目,为真菌,主要为害花器;

图1-8 桃褐腐病为害枝梢症状

子囊菌亚门的链核盘菌，其无性世代为丛梗孢菌，主要为害果实。

病菌主要以菌丝体在挂在树上的及落地的僵果内，或枝梢的溃疡病斑上越冬。翌年春季产生大量的分生孢子，借风雨、昆虫传播，通过病虫伤口、机械伤口或自然孔口侵入，成为初侵染菌源。在适宜的条件下，病部表面产生大量的分生孢子，引起再次侵染。在储藏期内，病健果相互接触，可传染为害。

花期低温、潮湿多雨时，易引起花腐；果实成熟期温暖、多雨、多雾时，易引起果腐。病虫伤、冰雹伤、机械伤、裂果等造成果实表面伤口多，会加重该病的发生。树势衰弱、管理不善、枝叶过密、地势低洼的果园，常发病较重。果实储运中，如遇高温、高湿，有利于病害发展。一般果实成熟后，果肉柔嫩、汁多味甜、皮薄的品种，较表皮角质层厚、果实成熟后组织坚硬的品种，更容易感病。

3.防治妙招

（1）清园　结合冬季修剪，彻底消除桃树上的病梢、枯枝，将树上、树下的僵果等越冬菌源带出园外，集中烧毁，减少越冬菌源；同时，在生长期间，也还要注意及时剪除陆续出现的新的病组织，及时清除病果、病叶、病枝等病株残体，以防止病害的再侵染及进一步扩大；另外，深翻园地，将带病残体埋于地下。

（2）加强果园管理，增强树势　降低果园内湿度，不偏施氮肥，增施磷、钾肥等，都有利于提高树体抗病能力，减轻病害。

（3）果实套袋　在5月上中旬套袋，保护果实。

（4）药剂防治

① 防治害虫　及时防治桃蛀螟、象甲、食心虫、蜡象等害虫，减少虫害造成的伤口，减少病菌侵染的机会。

② 喷药　发芽前，喷5波美度的石硫合剂，或45%晶体石硫合剂30倍液。开花前后，各喷1次速克灵可湿性粉剂2000倍液，或50%苯菌灵可湿性粉剂1500倍液。花腐发生多的地区，在初花期（开花约20%）加喷1次代森锌或甲基硫菌灵，以保护花器。在果实易感病的4月下旬～5月进行药剂保护，是防治的关键措施。落花后至5月下旬，每隔8天，喷1次药，重点保护幼果。落花后约10天，喷65%代森锌可湿性粉剂500倍液，或70%甲基硫菌灵800～1000倍液。发病初期和采收前3周，喷50%多霉灵（乙霉威）可湿性粉剂1500倍液，或50%苯菌灵可湿性粉剂1500倍液，或70%甲基硫菌灵1000倍液，或50%扑海因可湿性粉剂1500倍液；发病严重的桃园，可每15天喷1次药，采收前3周停止喷药。

八、桃软腐病

1.症状与快速鉴别

主要为害近成熟期至储运期的果实。发病初期，病果表面产生黄褐色至淡褐色腐烂病斑，圆形或近圆形；随着病斑的发展，腐烂组织表面逐渐产生白色霉层，渐变成黑褐色，霉层表面密布小黑点；病斑扩展迅速，很快导致全果呈淡褐色软腐。发病后期，病斑表面布满黑褐色毛状物（图1-9）。

2.病原及发病规律

病原有细菌和黑根霉。由细菌引起的软腐病，常因伴随的杂菌分解蛋白胶发生恶臭；由黑根霉引起的软腐病，在病组织表面生有灰黑色霉状物，是病菌的孢囊梗和孢子囊。

图1-9　桃软腐病为害症状

病原菌在自然界广泛存在，借气流传播，主要从果实表面的伤口侵入；另外，还可通过病健果接触传播；在扩展过程中，分泌原果胶酶，分解寄主细胞间中胶层的果胶质，使细胞解离崩溃，水分外渗，致病组织呈软腐状。

果实受伤是诱发该病发生的主要因素。高温下储运果实，发病较严重。

3.防治妙招

（1）**农业防治**　以防止果实受伤为重点预防措施。合理浇水，防止果实自然裂伤；合理采摘，避免果实碰伤；精心挑选，防止伤果进入储运场所；尽量采用低温储运，以利于控制病害。

（2）**药剂防治**　果实生长后期，注意蛀果害虫及果实病害的防治，减少伤口。

开花前，喷5波美度的石硫合剂，或45%晶体石硫合剂30倍液，铲除枝梢上的越冬菌源。落花后半个月，喷12%绿乳铜600倍液，或70%代森锰锌可湿性粉剂500倍液，或80%炭疽福美可湿性粉剂800倍液，或50%苯菌灵可湿性粉剂1500倍液，或50%混杀硫悬浮剂500

倍液，或70%甲基硫菌灵超微可湿性粉剂1000倍液，或10%苯醚甲环唑（世高）水分散粒剂6000～7000倍液，几种药剂交替使用，效果更好；每隔10～15天防治1次，共防治3～4次。采果前，喷施1次70%甲基硫菌灵超微可湿性粉剂1000～1500倍液，可有效防治储运果实发病。

九、桃实腐病

分布较为广泛，在国内各桃产区都会普遍发生，严重破坏桃的产量和质量。

1.症状与快速鉴别

主要为害桃果，果实自顶部开始表现为褐色，并伴有水渍状，后迅速扩展，边缘变为褐色。感病部位的果肉为黑色，变软，有发酵味。感染初期病果看不到菌丝，后期果实常失水干缩，形成僵果，表面布满浓密的灰白色菌丝（图1-10）。

图1-10 桃实腐病为害果实症状

2.病原及发病规律

病原为扁桃拟茎点菌，属半知菌亚门真菌。

病原菌以分生孢子器在僵果或落果中越冬。春季产生分生孢子，借风雨传播，侵染果实。

果实近成熟时，病情加重；桃园密闭不透风，树势弱，发病较重。

3.防治妙招

（1）**加强栽培管理** 注意桃园通风透光，增施有机肥，疏花疏果，控制产量，保证树体合理负载量。

（2）**清园** 捡除园内病僵果及落地果，集中深埋或烧毁。

（3）**药剂防治** 花期为防治重点时期，同时结合清除桃园病原，进行喷药防治。发病初期，喷洒50%腐霉利可湿性粉剂2000倍液，或50%苯菌灵可湿性粉剂1500倍液，或50%多菌灵可湿性粉剂700~800倍液，或70%甲基硫菌灵可湿性粉剂1000~1200倍液；每隔15天用药1次，共用2~3次，即可有效控制病害的发生。

十、桃黑星病

也叫桃疮痂病、黑点病、黑痣病。我国各桃产区发病较为普遍，特别是以北方桃区受害较为明显，在高温多湿的江浙地区发病最为严重。多雨潮湿年份或地区，病害发生较重，发病率为20%~30%，严重时可达40%~60%。主要为害桃的果面，严重影响果实的商品价值，使果品质量变劣，效益降低。除为害桃外，还为害杏、李、扁桃、樱桃、梅树等核果类果树。

1.症状与快速鉴别

主要为害果实，也可为害枝梢和叶片（图1-11，图1-12）。

（1）**果实受害** 果实发病初期，多在果肩部表面，产生暗绿色或暗褐色圆形小斑，以后逐渐扩大为2~3毫米，呈黑色痣点状；严重时，数个病斑聚合成片。后期至果实近成熟期，变为紫黑色或黑色，略凹陷，呈略突起的黑色痣状斑点，病菌扩展一般仅局限于果皮表层，使果皮停止生长，并木栓化，不深入果肉。当病部组织坏死时，果实仍继续生长，可使果皮组织病斑处枯死。发病严重时，病斑密集，随着果实的膨大，果实出现龟裂，呈疮痂状。为害严重时，造成落果。

图1-11　桃黑星病为害果实症状

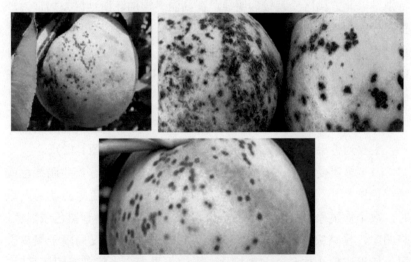

图1-12　桃黑星病黑色痣点状

（2）枝梢受害　为害初期，枝梢表面产生边缘紫褐色、中央浅褐色的椭圆形病斑；后期病斑颜色加深，浅褐色至黑褐色，并进一步扩大，微隆起，有时常出现流胶现象。春季病斑变为灰色，并于病斑表面密生黑色粒点，即病菌分生孢子丛。病健组织界限明显，病菌只限于为害枝梢表层，不深入内部，病斑下面形成木栓质细胞（图1-13）。

图1-13　桃黑星病为害枝梢症状

（3）叶片受害　为害初期，在叶背上出现不规则的暗绿色斑，以后在叶片正面相对应的病斑，也为暗绿色。叶脉发病，在中脉上呈暗褐色长条形病斑，最后叶片呈紫红色，干枯穿孔。严重时，叶片常枯黄脱落。

2.病原及发病规律

病原为半知菌亚门丝孢纲丝孢目嗜果枝孢菌，有性世代为子囊菌亚门真菌。

病菌以菌丝体在枝梢病部或芽的鳞片中越冬。翌年春季4～5月降雨后，气温上升，开始形成分生孢子，通过风雨传播，进行初侵染；病菌侵入后，潜育期长，然后再产生分生孢子梗及分生孢子，进行再侵染。在我国南方桃产区，5～6月发病最盛；北方桃园，果实一般在6月份开始发病，7～8月发病率最高。

春季和初夏及果实近成熟期，多雨潮湿，易发病；果园低湿，排水不良，枝条郁密，修剪粗糙等，均能加重病害的发生。

3.防治妙招

（1）农业防治　因地制宜地选栽抗病或早熟品种；油桃品种选择

极早红、千年红和燕红等早熟品种。

（2）**清园**　秋末冬初，结合修剪，认真彻底地清除园内树上病枝、枯死枝及残桩，清除僵果、地面落果，带出园外，集中烧毁或深埋，消灭越冬病源，减少初侵染源。

（3）**加强栽培管理，提高树体抗病力**　适当增施有机肥和磷钾肥；合理修剪，重视夏剪，加强内膛枝修剪，促进桃园及树体通风透光，降低果园湿度。桃园内注意雨后及时排水，避免产生涝害。及时喷药防治害虫，减少虫伤，以减少病菌侵入的机会。

（4）**果实套袋**　落花后3～4周，桃坐果后，6月初开始进行果实套袋，防止病菌侵染。

（5）**药剂防治**　桃黑星病初期症状不明显，只有暗绿色小点，常被忽视，到病斑出现时，病菌早已侵入果皮，再进行喷药已难以控制，防治时应以预防为主。

萌芽前，喷施3～5波美度的石硫合剂＋45%晶体石硫合剂30倍液，铲除枝梢上的越冬菌源。

花蕾微露时，喷施80%戊唑醇可湿性粉剂5000倍液＋25%氯溴异氰尿酸可湿性粉剂2000倍液。落花后半个月，是防治的关键时期，至6月间，可喷洒70%甲基硫菌灵·代森锰锌可湿性粉剂800～1000倍液，或3%中生菌素可湿性粉剂600～800倍液，或20%邻烯丙基苯酚可湿性粉剂800倍液，或50%多菌灵可湿性粉剂1000～1500倍液，或75%百菌清可湿性粉剂800～1000倍液，或50%醚菌酯水分散粒剂1000～2000倍液，或40%氟硅唑乳油8000～10000倍液，或70%代森锰锌可湿性粉剂500倍液，或10%苯醚甲环唑1500～2000倍液，或25%嘧菌酯悬浮剂1500～2000倍液，或70%胶硫锰锌可湿性粉剂600～800倍液，或80%炭疽福美可湿性粉剂800倍液，或50%混合硫悬浮剂500倍液，或50%苯菌灵可湿性粉剂1500倍液，或70%甲基硫菌灵可湿性粉剂1000倍液，或10%苯醚甲环唑（世高）水分散粒剂3000倍液，或30%爱苗乳油5000倍液等杀菌剂。均匀喷施，交替使用效果更好；每隔10～15天，用药1次，共3～4次。

套袋前，喷施1次杀菌剂，如70%甲基硫菌灵超微可湿性粉剂1000～1500倍液。

（6）加强储藏、运输期间的管理　桃果采收、储运时，尽量避免产生各种伤口，减少病菌在储运期间的侵染；果实储藏前及时捡出病果。

十一、桃黑霉病

也叫黑根霉软腐病、软腐病。果实后期，发病较重，常发生在储藏运输期。

1.症状与快速鉴别

病果呈淡褐色软腐状，表面长有浓密的白色细绒毛，即病原菌的菌丝层；几天后，在绒毛丛中生出黑色小点，即病原菌的孢子囊；病果可全部腐烂（图1-14）。

图1-14　桃黑霉病果实发病症状

2.病原及发病规律

病原为结合菌亚门结合菌纲毛霉目黑根霉菌，属真菌。

病菌通过伤口侵入成熟果实，病菌的孢囊孢子经气流传播，健果与病果接触也可传播。温度较高且湿度大时，病害发展很快，4～5天后，病果即可全部腐烂。

3.防治妙招

（1）桃果成熟后，及时采收。

（2）在采收、运输、储藏过程中，轻拿轻放，防止机械损伤，避免造成伤口。

（3）注意保证在低温下进行储藏和运输。

十二、桃黑斑病

在国内各桃产区发生较为普遍，对桃的产量和品质产生较大危害，使桃的商业价值和使用价值受到较大的不良影响。

1.症状与快速鉴别

主要为害果实。分3个阶段：初期果尖形成乳头状突起，也可形成圆球形或圆锥形突起；中期桃尖产生稀疏红点，形成红尖，而且红尖的下部往往有1黄色晕圈，红点密度逐渐增大，形成红斑，有时乳突由绿变黄绿，形成黄绿色的桃尖；末期桃尖组织坏死后，形成褐色病斑，并有不明显的轮纹，其上很快产生黑色霉状物，后期病斑表面呈粉红色；采收后，继续发展，最后仍形成黑斑（图1-15）。

图1-15　桃黑斑病为害果实症状

2.病原及发病规律

病原为链格孢菌，属半知菌亚门真菌。

病原菌在花芽鳞片上越冬。雌蕊及幼果果尖的黑斑病带菌率在开花后逐渐增加，花瓣萎蔫期带菌率明显增大。病原侵入从开花期开始，花瓣萎蔫期至盛花后约40天，形成侵染高峰。果实症状最早在7月中旬开始出现，大部分病果出现在7月下旬以后。

一般在雨后4～15天，发病重；密植树发病轻，稀植树发病重；成龄树较幼龄树发病重；树体上部病果较多。

3.防治妙招

（1）加强管理，提高树体的抗病能力。

（2）萌芽前，喷1次3～5波美度的石硫合剂，减少病源菌。

（3）在幼果期，雨后喷锌灰液（硫酸锌、生石灰、水比例为1:4:240）1～2次，有明显的防治效果。

十三、桃煤污病

在国内分布较为广泛，为相对常见的表面滋生性病害，会导致果实经济价值降低；严重时甚至会引起桃树的死亡。

1.症状与快速鉴别

可为害枝干、叶片和果实。

（1）枝干受害　初现污褐色圆形或不规则形霉点，后形成煤烟状黑色霉层，部分或全部布满枝条。

（2）叶片受害　叶正面产生灰褐色污斑，后逐渐转为黑色霉层或黑色粉层；严重时，叶片提早脱落。

（3）果实受害　果表面布满黑色煤烟状物；严重时，降低果品质量（图1-16）。

2.病原及发病规律

病原主要有多主枝孢、大孢枝孢、链格孢，均属半知菌亚门真菌。

有性阶段形成子囊及子囊孢子。病原以菌丝体和分生孢子在病叶上、土壤内及植物残体上越冬。春季产生分生孢子，借风雨或蚜虫、介壳虫、粉虱等昆虫传播蔓延，主要传播媒介是介壳虫类，因其繁殖

图1-16 桃煤污病为害果实症状

量大，产生的排泄物多，且直接附着在果实表面，形成煤污状残留，用清水难以清洗。湿度大、通风透光差以及蚜虫等刺吸式口器昆虫多的桃园，往往发病重。

3.防治妙招

（1）改善桃园小气候 使其通透性好，雨后及时排水，防止湿气滞留。

（2）及时防治蚜虫、粉虱及介壳虫 对于零星栽植的桃园，可在严冬年份，晚上在树干上喷清水，结冰后，早晨用机械法将冰层振落，介壳虫也随之脱落。

（3）药剂防治 11月份落叶后，连喷2次5波美度的石硫合剂，能最大限度地消灭介壳虫以及其他越冬的害虫；也可在发芽前喷柴油·福美双·敌敌畏100倍液；生长季喷菊酯类、敌敌畏等杀虫剂时，可加400倍的柴油作为助剂，及时防治蚜虫、粉虱及介壳虫。只要将蚜虫、介壳虫等防治好，煤污病也就能得到有效的防治。

发病初期，喷施50%多菌灵可湿性粉剂600倍液；或50%多菌灵·乙霉威可湿性粉剂1500倍液；或65%抗霉灵可湿性粉剂1500～2000倍液。每隔15天，喷洒1次，喷1～2次。

十四、桃炭疽病

为桃树重要病害之一，在国内各地的桃主产区均有发生，特别是南方桃区受害更为严重。部分桃品种发病后，桃树大量落花、落叶、落果，不仅会直接影响桃的产量和品质，甚至造成果树全株死亡。

1. 症状与快速鉴别

主要为害果实，也能侵害叶片和新梢。

（1）果实受害　幼果果面呈暗褐色，发育停滞，萎缩硬化；果实将近成熟时染病，产生圆形或椭圆形的红褐色病斑，显著凹陷，其上散生橘红色小粒点，并有明显的同心环状皱纹（图1-17）。

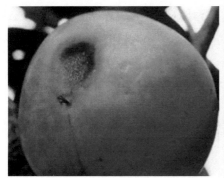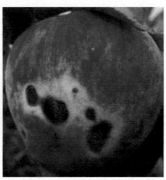

图1-17　桃炭疽病果实发病症状

（2）叶片受害　产生近圆形或不规则形的淡褐色病斑，病、健部分界明显，以后病斑中部褪色，呈灰褐色或灰白色。

（3）新梢受害　初在表面产生暗绿色、水渍状、长椭圆形的病斑，后渐变为褐色，边缘带红褐色，略凹陷，表面也长有橘红色的小粒点。

2. 病原及发病规律

病原为孢炭疽菌，属半知菌亚门真菌。

以菌丝体在病梢组织内越冬，也可在树上的僵果中越冬。翌年春季形成分生孢子，借风雨或昆虫传播，侵害幼果及新梢，引起初次侵染；以后在新生的病斑上产生孢子，引起再次侵染。

我国长江流域，由于春季雨水多，病菌在桃树萌芽至花期前就大量蔓延，使结果枝大量枯死；到幼果期，病害进入高峰期，使幼果大量腐烂和脱落。在我国北方，7～8月雨季，病害发生较多；桃树开花期及幼果期低温多雨，有利于发病；果实成熟期，则因温暖、多云、多雾、高湿的环境，发病严重；生长过旺，种植过密，结果过多，超过树体的负载能力，均发病严重。

3.防治妙招

（1）**控制菌源**　结合冬剪，剪除树上的病枝、僵果及衰老细弱枝；在早春芽萌动到开花前后，及时剪除除发病的枝梢，对卷叶症状的病枝也应及时剪掉。

（2）**加强栽培管理**　搞好开沟排水工作，防止雨后积水；适当增施磷、钾肥；注意防治害虫。

（3）**果实套袋**　果园内套袋时间要适当提早，以5月上旬前套完为宜。

（4）**药剂防治**　桃树萌芽前，喷3～5波美度的石硫合剂，或1:1:100倍波尔多液，喷1～2次，铲除病源，展叶后禁喷。

发芽后、谢花后是喷药防治的关键时期。可用80%代森锰锌可湿性粉剂600～800倍液，或65%代森锌可湿性粉剂500倍液，或75%百菌清可湿性粉剂800倍液，或72%福美锌可湿性粉剂400～600倍液，或50%福美双水分散粒剂900～1200倍液，或80%福美锌·福美双可湿性粉剂800倍液，或70%丙森锌可湿性粉剂800倍液，间隔7～10天喷1次。

发病前期，及时施药，可用80%代森锰锌可湿性粉剂600～800倍液＋50%多菌灵可湿性粉剂800倍液，或10%苯醚甲环唑水分散粒剂2000～3000倍液，或25%溴菌腈乳油300～500倍液，或55%氟硅唑·多菌灵可湿性粉剂800～1250倍液，或60%吡唑醚菌酯·代森联水分散粒剂1000～2000倍液，或70%甲基硫菌灵可湿性粉剂800～1000倍液，均匀喷施，可控制病害。

十五、桃轮纹病

也叫瘤皮病、粗皮病，通常是指桃树幼果因感染病原菌，而在果实近成熟期发生的某种病变。

1.症状与快速鉴别

可为害果实、叶片和枝干，主要为害果实（图1-18、图1-19）。

（1）**果实发病**　多在果实近成熟期和储藏期开始发病。发病初期果实表面以皮孔为中心，形成褐色水渍状斑，逐渐扩大，产生近圆形、淡褐色至暗红褐色的腐烂病斑，不凹陷，具有清晰的同心轮纹；随着病斑的扩大，表面逐渐凹陷，腐烂病斑中央开始散生许多小黑点；腐烂病斑扩展迅速，常导致整个果实很快腐烂，发出酸臭味，腐烂果实皱缩，表面散生大量小黑点，小黑点上溢出大量灰白色或茶色分生孢子黏液，使整个烂果表面呈灰白色。病果逐渐失水，成为黑色僵果，表面布满黑色粒点。

（2）**叶片发病**　形成近圆形或不规则褐色病斑，直径0.5～1.5厘米，后出现轮纹，病部变为灰白色，并产生黑色点粒，叶片上发生多个病斑时，病叶往往干枯脱落。

（3）**枝干发病**　初以皮孔为中心，形成暗褐色水渍状病斑，逐渐扩大，呈圆形或扁圆形，直径0.3～3厘米，中心隆起，呈疣状，质地坚硬；后病斑周缘凹陷，颜色变为青灰至黑褐色，翌年产生分生孢子器，出现黑色点粒。随着树皮愈伤组织的形成，病斑四周隆起，病健交界处发生裂缝，病斑边缘翘起（如马鞍状），数个病斑连在一起形成不规则的大斑；病重树长势衰弱，枝条枯死。

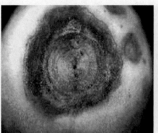

图1-18　桃轮纹病为害果实症状

图1-19　桃轮纹病为害叶片及果实症状

2.病原及发病规律

病原为贝伦格葡萄座腔菌，属子囊菌亚门球壳孢目束孢壳菌，为真菌。

病原菌主要以分生孢子器及子囊腔在病僵果及枯死枝上越冬，也可在树的枝干病斑或枯死枝上越冬，翌年产生孢子进行侵害。病菌孢子随风雨传播，主要从伤口侵入，也可从皮孔侵入。在花前仅侵染枝干，花后侵染枝干和果实；从落花后约10天到采收，只要遇雨，果实皆可被侵染。病菌侵入后，可以在果实细胞层中长期潜伏，待条件适宜时，扩展发病。在幼果期侵染果实后，到果实近成熟时才逐渐发病。枝干上当年侵染形成的病斑，不能产生分生孢子，越冬以后，则变为长期的病菌来源。

轮纹病发生的轻重与品种关系密切，一般晚熟品种发病严重；气候潮湿、多雨、果园密闭，有利于发病；管理粗放、地势低洼、土壤瘠薄、肥水不足、树势衰弱的果园，发病较重；与苹果或梨混栽，发病较重；缺钙果园，发病较重。

3.防治妙招

（1）**农业防治** 增施有机肥，合理施用氮、磷、钾肥，适量施用钙肥，增强树势，提高树体抗病能力。合理修剪，促使果园通风透光，降低环境湿度。在树体落叶后发芽前，彻底清除树上、树下的各种病僵果，集中深埋或带出园外销毁。结合冬剪，剪除树上的枯死枝，集中带出园外销毁。避免与苹果或梨树混栽，在已经混栽的果园内，应尽快将树体分开，或注意防治苹果树或梨树上的轮纹病，防止交叉侵染。

（2）**药剂防治** 发芽前，全园喷施1次1:1:100倍的波尔多液，铲除树体上病原菌；从落花后10～15天开始喷药，每隔10～12天，防治1次，共防治4～5次，可基本控制病害。常用80%大生米-45可湿性粉剂800～1000倍液，或70%甲基托布津可湿性粉剂1000～1200倍液，或50%苯菌灵可湿性粉剂1000～1200倍液，或40%百菌清可湿性粉剂1000～1200倍液，或65%代森锌可湿性粉剂600～800倍液，或85%疫霜灵可溶性粉剂600～800倍液，均匀喷施。在生长期喷药时，适当加喷钙元素进行补钙。

十六、桃腐烂病

也叫干枯病、胴枯病，国内大部分桃产区均有发生，为在桃树上发生为害性较重的枝干病害。

1.症状与快速鉴别

主要为害主干和主枝，造成树皮腐烂，致使枝枯树死；早春至晚秋都可发生，其中4～6月发病最盛；初期病部皮层稍肿起，略带紫红色并出现流胶，最后皮层变褐色枯死，有酒糟味，表面产生黑色突起小粒点，湿度大时，涌出橘红色孢子角。剥开病部树皮，黑色子座壳尤为明显。当病斑扩展包围主干一周时，病树很快死亡（图1-20）。

图1-20　桃腐烂病为害症状

2.病原及发病规律

病原有性世代为核果黑腐皮壳，属子囊菌亚门真菌；无性世代为核果壳囊孢，属半知菌亚门真菌。

以菌丝体、子囊壳及分生孢子器在树干病组织中越冬，翌年3～4月，产生分生孢子，借风雨和昆虫传播，自伤口及皮孔侵入；病斑多发生在近地面的主干上，早春至晚秋都可发生，春、秋两季最为适宜，尤以4～6月发病最盛，高温的7～8月受到抑制，11月后停止发展。

施肥不当及秋雨多，桃树休眠期推迟，树体抗寒力降低，易引起发病；结果过多，负载过重，树体衰弱，提前落叶，发病重。冻伤常是诱发桃树腐烂病的一个重要原因，冻害严重，常导致病害的大发生。

3.防治妙招

（1）**清园** 结合冬季修剪，剪除所有病桩、枯枝、病虫枝，挖除病死树，并集中烧毁，从而降低翌年初侵染源。

（2）**加强栽培管理** 适当疏花疏果，增施有机肥，及时防治造成早期落叶的病虫害。

（3）**防止冻害** 做到旱季及时灌水，雨季开沟排水，增强树体抗逆能力。防止冻害比较有效的措施是树干涂白，降低昼夜温差，常用涂白剂的配方是生石灰12～13千克、石硫合剂原液（约20波美度）2千克、食盐2千克、清水36千克，或者生石灰10千克、豆浆3～4千克、水10～50千克。

（4）**药剂防治** 在桃树发芽前，刮去翘起的树皮及坏死的组织，然后喷施50%福美双可湿性粉剂300倍液。生长期发现病斑，可刮去病部，涂抹70%甲基硫菌灵可湿性粉剂1份加植物油2.5份，或50%福美双可湿性粉剂50倍液，或50%多菌灵可湿性粉剂50～100倍液，或70%百菌清可湿性粉剂50～100倍液等；间隔7～10天，再涂1次，防治效果较好。

十七、桃木腐病

主要是老桃树上较为常见的一种病害，发生区域分布较为广泛。受害桃树生长势衰弱，树叶发黄，早期落叶，甚至会导致全树枯死。

1.症状与快速鉴别

主要为害桃树的枝干和心材，导致心材腐朽，呈轮纹状；染病树木质部变白，疏松，质软且脆，腐朽易碎；病部表面长出灰色的病菌子实体，多由锯口长出，少数从伤口或虫口长出，每株形成的病菌子实体

1至数10个，以枝干基部受害重，常造成树势衰弱，叶色变黄或过早落叶，产量降低或不结果（图1-21）。

图1-21　桃木腐病为害症状

2.病原及发病规律

病原为暗黄层孔菌，属担子菌亚门真菌。

病菌在受害枝干的病部产生子实体或担孢子，条件适宜时，孢子成熟后，借风雨传播飞散，经锯口、伤口侵入。

老树、病虫弱树及管理不善、树伤口多的桃园，常发病重。

3.防治妙招

（1）加强桃、杏、李园管理　发现病死及衰弱的老树，应及早挖除烧毁；对树势弱、树龄高的桃树，应采用配方施肥技术，以恢复树势，增强抗病力。

（2）消毒处理　发现病树长出子实体后，应马上削掉，集中烧毁，并涂1%硫酸铜消毒。

（3）保护树体　千方百计减少伤口，是预防木腐病发生和扩展的重要措施，对锯口可涂1%硫酸铜消毒后，再涂波尔多液或煤焦油等进行保护，以促进伤口愈合，减少病菌侵染。

十八、桃侵染性流胶病

也叫疣皮病、树脂病。在全国各地桃树上均有发生和为害，以河北、山东、甘肃、江苏、广东、福建、贵州等地严重，是桃树等核果类果树普遍发生的一种严重枝干病害。为害桃、碧桃，也为害李、杏、梅、樱桃等。由于流胶的发生，轻者树势生长衰弱，影响开花结果；发生严重时，可引起部分枝枯，甚至全株死亡。

1. 症状与快速鉴别

主要发生在主干、主枝和枝条上，以主干发病最为突出；也可为害果实。

一年生嫩枝染病，枝条发病初期病部肿胀，以皮孔为中心，产生疣状小突起，当年不发生流胶现象，后扩大成瘤状突起物，上面散生针头状黑色小粒点；翌年5月，病斑扩大，产生水泡状隆起，开裂，不断溢出淡黄色半透明状稀薄而有黏性的树胶，特别是雨后流胶现象更为严重。流出树胶与空气接触后，成红褐色晶莹、柔软的胶块；3～4个流胶珠块在一起，形成直径3～10毫米的圆形不规则流胶病斑，呈胶冻状，干燥后变成茶褐色坚硬胶块，吸水膨胀成冻状胶体。病部皮层变褐腐朽，枝条表面粗糙变黑，并以瘤为中心逐渐下陷，形成圆形或不规则形病斑，其上散生小黑点；易被腐生菌侵染，皮层和木质部变褐、腐烂。随着流胶量的增加，树势日趋衰弱，叶片变黄；严重时，枝条、枝干或全株枯死（图1-22～图1-25）。

图1-22　溢出淡黄色半透明状黏性树胶

图1-23　红褐色晶莹、柔软的胶块

图1-24　胶冻状病斑干燥后成茶褐色坚硬胶块

图1-25　胶块吸水膨胀成冻状胶体

多年生枝干受害，产生"水泡状"隆起，并有树胶流出。

果实染病受害，由果核内分泌黄色胶质，溢出果面，初呈褐色腐烂状，后逐渐密生粒点状物，湿度大时，粒点口溢出白色胶状物，果实病部硬化，有时龟裂（图1-26、图1-27）。

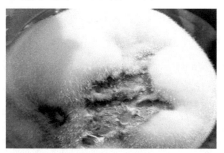

图1-26　果实染病粒点口溢出白色胶状物

图1-27　桃树流胶病

2.病原及发病规律

发病包括非侵染性和侵染性两种。

非侵染性流胶病在各桃产区均有发生，是一种常见的生理性病害。

侵染性流胶病由子囊菌亚门的一种真菌引起，即由葡萄座腔菌和桃囊孢菌侵染所致；其无性世代为桃小穴壳菌，属半知菌亚门真菌。

病原菌以菌丝体和分生孢子器在树干、树枝的染病组织内越冬，翌年桃萌芽前后，3月下旬~4月中旬，散发出大量的分生孢子，通过雨水和风传播。雨天从病部溢出大量的病菌，顺着枝条流下或溅附在新梢上，从皮孔或伤口侵入，成为新梢初次感病的主要菌源，以后可反复侵染。一年中有2个发病高峰，第一次在5月上旬～6月上旬，第二次在8月上旬～9月上中旬。

一般在直立生长的枝干基部以上部位受害严重，枝干分杈处易积水的地方受害重，土质瘠薄、肥水不足、负载量大均可诱发该病。

3.防治妙招

（1）加强栽培管理　避免桃园连作。加强肥水管理，增施有机肥，氮、磷、钾肥均衡合理。增强树势，提高抗病性能。对沙土、黏重土壤改良，盐碱地注意排盐，酸碱土壤适当施用石灰或过磷酸钙，改善土壤团粒结构，提高土壤通气性能。干旱浇水，低洼积水地雨后及时排水。疏花疏果，合理负载。夏季全园覆盖，冬、春季树干涂白，保护树体，预防和减少冻伤和日灼，兼杀菌治虫。桃树落叶后，树干、大枝涂白。

（2）科学修剪　调节修剪时间，减少枝干伤口，减少流胶病的发生。桃树生长旺盛，生长量大，如果生长季节进行短截和疏枝修剪，人为造成伤口，遇中温、高湿环境，伤口容易出现流胶现象。通过调节修剪时期，将生长期修剪为主改为冬季修剪为主。虽然冬剪同样有伤口，但因气温较低，空气干燥，很少出现伤口流胶现象。因此，生长期进行轻剪，及时摘心，疏除部分过密枝条，主要的疏枝、短截、回缩修剪等到冬季落叶后进行。伤口及时涂抹愈合剂，避免受外界细菌的侵染，可有效防治伤口腐烂流胶。

（3）及时防治病虫害　加强对干腐病、腐烂病、炭疽病、疮痂病、细菌性穿孔病和真菌性穿孔病等的防治。4～5月份，及时防治天牛、吉丁虫等蛀干害虫侵害根颈、主干、枝梢等部位。防治桃蛀螟、桃蚜、卷叶蛾、梨小食心虫、椿象等害虫为害，以降低发病率。

（4）清园预防　冬季需剪除病枯枝干，对已发生流胶病的小枝，可通过修剪除去，集中烧毁。全园普喷护树将军，及时消毒杀菌，减少菌源。采果后清园。喷施杀菌剂杀菌并修复果痕及农事操作造成的伤口，防止病菌侵入，降低病菌残留量，预防翌年病菌为害。同时喷施叶面肥，补充营养，强壮树体，用靓果安200～400倍液＋尿素、磷酸二氢钾600倍液＋有机硅全园进行喷施。

（5）**刮胶、涂抹药剂消毒**　涂抹的最适期为树液开始流动时（3月底），此时正是流胶的始发期，发生株数少，流胶范围小，便于防治，可减少树体养分消耗；以后随时发现，随时涂抹防治。

对于只流胶、皮层和木质部未变黑腐烂的流胶部位，先用刀刮净流胶物；对于流胶且皮层和木质部变黑腐烂的流胶部位，于早春发芽前先刮净流胶物，再将变黑和腐烂的组织刮净。也可先用刀将病部干胶和老翘皮刮除，并用刀划几道，然后用靓果安30～50倍液＋有机硅等渗透剂涂抹，注意涂抹面积应大于发病面积的1～2倍；也可用流胶病专用药100倍液或4～5波美度的石硫合剂、45%晶体石硫合剂30倍液消毒涂抹。严重时，间隔7～10天，再涂抹1次，或喷3～5波美度的石硫合剂，或1∶1∶100倍式波尔多液，铲除病原菌。

于生长期的4月中旬～7月上旬，每隔一段时间，用刀纵、横划病部，深达木质部，然后用毛笔蘸药液，涂于病部，全年共处理7次。可用70%甲基硫菌灵可湿性粉剂800～1000倍液，或80%乙蒜素乳油50～100倍液，或50%多菌灵可湿性粉剂800～1000倍液，或50%苯菌灵可湿性粉剂1000～1500倍液，或15%多抗霉素水剂100倍液处理。

（6）**药剂防治**　3月下旬～4月中旬，是侵染性流胶病弹出分生孢子的集中时期，可结合防治其他病害进行预防。5月上旬～6月上旬、8月上旬～9月上旬为侵染性流胶病的两个发病高峰期，在每次高峰期前，可喷布靓果安600～800倍液（必要时加渗透剂），或50%超微多菌灵可湿性粉剂600倍液，或70%超微甲基硫菌灵可湿性粉剂1000倍液，或72%杜邦克露可湿性粉剂800倍液，或50%退菌特可湿性粉剂600倍液，或50%苯菌灵可湿性粉剂1500倍液，或50%异菌脲可湿性粉剂1500倍液，或50%腐霉利可湿性粉剂2000倍液，每隔7～10天喷1次，连喷2～3次，根据具体病情而定，注意以上药剂须交替使用。

十九、桃树根腐病

根腐病出现时间较早，正常情况下，发现时已太迟了。因此，在桃树生长期一定要多加检查，一旦发现桃叶焦黄，枝条衰弱，树枝、干没有其他病虫为害现象，就应将根挖出，观察是否为根腐病，做出准确判断，及早防治。

1.症状与快速鉴别

叶片焦边枯萎，嫩叶死亡，新梢变褐枯死，根部表现木质坏死腐烂；严重时，整株死亡（图1-28）。

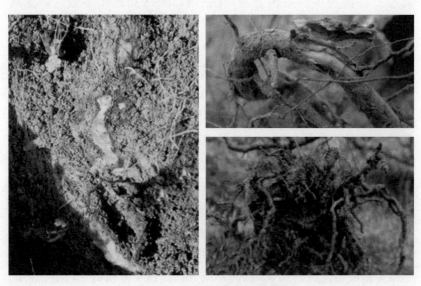

图1-28　桃树根腐病为害症状

（1）**急性症状**　中午13～14时高温以后，地上部叶片突然失水干枯，病部仍保持绿色，4～5天青叶破碎，似青枯状，凋萎枯死。

（2）**慢性症状**　病情来势缓慢，初期叶片颜色变浅，逐渐变黄，最后呈褐色干枯，有的呈水烫状下垂，一般出现在少量叶片上，或某一枝的上部叶片上。严重时，整株枝叶发病，过一段时间萎蔫枯死，发病重的植株根部腐烂。

2.病原及发病规律

病原为尖镰孢菌，属半知菌亚门真菌。

病菌为土壤习居菌，营腐生生活，当根系生长衰弱时，抗病能力下降，病菌乘机侵入，引起发病，发病高峰期在春季4～5月和秋季8～9月。

土壤条件差、排水不良、通气性差、有机质含量低、砂质土壤或黏度大的土壤，根系发育不良，易引起发病。前茬栽过李树、杏树或其他苗木之类的土壤，病菌累积多，发病重。管理粗放，桃树生长势弱，抗病性差，发病重。

3.防治妙招

（1）新栽植地区，应坚持深挖坑，增施有机肥，氮、磷、钾配合施用，为幼苗根系生长创造良好条件，尽可能减少发病。小树应促根发苗，大树要合理负载，防止树势衰弱，加强肥水管理，适时修剪，防止徒长和粗放管理。

（2）对于上年已发病死亡的树穴，在定植前，每穴用1～1.5千克消石灰杀菌消毒，或用敌克松、五氯硝基苯粉剂拌细土撒施，进行消毒。苗木定植前，用50%多菌灵可湿性粉剂500～600倍液，或用64%恶霜灵·代森锰锌可湿性粉剂800倍液，蘸根消毒，防治根腐病发生。每年坚持树下用50%多菌灵可湿性粉剂600倍液，灌施1～2次，可预防病害的发生。

（3）坚持全年检查，春秋为主，发现1株治疗1株，防治病害扩散。

二十、桃根癌病

在国内各桃产区都会出现，同时也是多种果树苗木上发生的相对较为多的根部病害之一，在果园中，发病株率为30%～50%，严重时会达到100%。

1. 症状与快速鉴别

主要发生在根颈部，也可发生于侧根和主根。

根部被害后形成癌瘤，开始时很小，随着植株生长，不断增大。瘤的形状、大小、质地决定于寄主，一般木本寄主的瘤大而硬，木质化；草本寄主的瘤小而软，肉质。瘤的形状不一致，通常为球形或扁球形，也可互相愈合成不定形（图1-29）。

图1-29 桃根癌病为害症状

患病的苗木，根系发育不良，细根特别少；地上部分发育明显受到阻碍，生长结果缓慢，植株矮小；被害严重时，叶片黄化，早落。

成年果树受害后，果实小，树龄缩短；但在发病初期，地上部的症状不明显。

2.病原及发病规律

病原为根癌土壤杆菌，属原核生物界、薄壁菌门土壤杆菌，为细菌性病害。

病菌在癌瘤组织的皮层内及土壤中越冬；通过雨水、灌溉水和昆虫进行传播；带菌苗不能远距离传播；病菌由伤口侵入，刺激寄主细胞过度分裂和生长，形成癌瘤；潜育期一般2~3个月，有的长达1年以上。

中性至碱性土壤有利于发病。细菌通常是从树的裂口或伤口侵入，各种创伤有利于病害的发生，断根处是细菌集结的主要部位。一般切接、枝接比芽接的发病重，土壤黏重、排水不良的苗圃或果园发病较重。

3.防治妙招

（1）**育苗和建园严格要求**　栽种桃树或育苗忌重茬，也不要在园林（杨树、泡桐等）、果园（葡萄、柿等）等地栽植。

（2）**嫁接苗木最好采用芽接法**　避免伤口接触土壤，减少染病机会。

（3）**适当施用酸性肥料或增施有机肥**　改变土壤特性，使之不利于病菌生长。

（4）**保护根系不受损伤**　田间作业中，尽量减少机械损伤，加强地下害虫防治，保护根系不受损伤。

（5）**苗木消毒**　病苗要彻底刮除病瘤，并用700单位/毫升的链霉素加1%酒精作辅助剂，消毒约1小时。将病劣苗剔出后，用3%次氯酸钠液浸3分钟，刮下的病瘤应集中烧毁。对外来的苗木，应在未萌芽前，将嫁接口以下部位用10%硫酸铜液浸5分钟，再用2%的石灰水浸1分钟。

（6）**病瘤处理**　在定植后的果树上，发现病瘤时，先用快刀彻底切除癌瘤，然后用稀释100倍的硫酸铜溶液消毒切口，再外涂波尔多液保护；也可用400单位的链霉素涂切口，外加凡士林保护，切下的病瘤应随即烧毁。

（7）土壤处理　用硫黄降低中性土和碱性土的碱性pH值，pH值≤5的土壤，即使病菌存在，也不发生侵染。病株根际灌浇乙蒜素进行消毒处理，对减轻为害均有一定的作用。用80%二硝基邻甲酚钠盐100倍液涂抹根颈部的病瘤，可防止其扩大绕围根颈；或细菌素（含有二甲苯酚和甲酚的碳氢化合物）处理病瘤，也有良好的效果，可以在3年生以内的植株上使用，处理3～4个月后，病瘤枯死，还可防止病瘤的再生长，或形成新的病瘤。

第二章

桃主要非侵染性病害的
快速鉴别与防治

一、桃缺氮症

氮是树体内蛋白质、核酸、叶绿素、酶、卵磷脂和多种维生素的组成部分，能促进营养生长，提高光合性能，延迟树体衰老，提高果实产量。

植物根系直接从土壤中吸收的氮素，以硝态氮和铵态氮为主。在根内，硝态氮通过硝酸还原酶的作用转化为亚硝态氮，以后通过亚硝酸还原酶进一步转化为铵态氮。在正常情况下，铵态氮不能在根中积累，必须立即与从地上部输送至根部的碳水化合物相结合，形成氨基酸（如谷氨酸）。

本病是一种较为常见的缺素症，发生区域遍及全国各地，多发生在春、夏季生长旺盛时期。一般正常施肥的果园，不易发生缺氮。当氮素过剩，营养生长和生殖生长失调，树体营养生长过旺，新梢旺盛生长，叶呈暗绿色，幼树易受冻害，不利于安全越冬；结果大树落花落果严重；同时，不利于花芽形成，结果少，果实品质降低；果实膨大及着色减缓，成熟推迟；树体内纤维素、木质素形成减少，细胞质丰富而壁薄，易发生轮纹病、黑斑病等病害。氮素过量，还可能导致铜与锌的缺乏。

1.症状与快速鉴别

氮素可以从老熟组织转移到迅速生长的幼嫩组织中，缺氮症多在较老的枝条上表现比较显著，幼嫩枝条表现较晚且轻。

若继续缺氮，新梢上的叶片由下而上全部变黄，枝条细弱，短而硬，皮部呈棕红色或紫红色；当枝条生长受到抑制或枝条顶端幼叶变黄时，老叶缺氮症已经很严重，此时在枝条顶端的黄绿色叶片和基部变成红黄色的叶片上，都会发生红棕色斑点或坏死斑，枝条停止生长，花芽显著减少，抗寒力降低，果小味淡而色暗；离核桃的果肉风味变淡，含纤维多，果面不够丰满，果肉向果心紧靠（图2-1）。

图2-1　桃缺氮症

2.病因

土壤瘠薄、管理粗放、缺肥和杂草多的果园，易表现缺氮症；在沙质土上的幼树，迅速生长时，遇大雨，几天之内即表现出明显的缺氮症。

3.防治妙招

（1）结合秋施基肥（土杂粪、人畜粪、饼肥等有机肥），在基肥中混以无机氮肥（尿素、硫酸铵、硝酸铵等）或追施，缺氮症状会很快消失。施用纯氮量为：桃未结果的幼树，株施0.25～0.45千克；初结果树0.45～1.4千克；盛果期树1.4～1.9千克以上。

（2）在雨季和新梢迅速生长期，树体需要大量氮肥，而此时土壤中氮素很容易流失，可用0.5%～0.8%的尿素溶液，喷射树冠2～3次（可单喷，也可和农药混喷）。

二、桃缺磷症

磷是果树生长发育所必需的营养元素，细胞内含有多种有机磷酸化合物。光合作用的产物要先转变成磷酸化的糖，才能向果实或根部输送。

磷主要是以 $H_2PO_4^-$ 和 HPO_4^{2-} 的形态被植物吸收。进入根系后，以高度氧化态和有机物络合，形成糖磷酸、核苷酸、核酸、磷脂和一些辅酶，主要存在于细胞原生质和细胞核中。

磷对碳水化合物的形成、运转、相互转化，以及对脂肪、蛋白质的形成等，都起着重要作用。磷酸直接参与呼吸作用的糖酵解过程，也直接参加光合作用的生化过程；如果没有磷，植物的全部代谢活动都不能正常地进行。

磷素被树体吸收后，主要分布在生命活动最旺盛的器官，多在新叶及新梢中，并迅速参与新陈代谢活动，转变为有机化合物；这种化合物可以在树体中上下流动、老幼叶之间也可相互流动。当土壤开始缺磷，叶片中磷含量下降至0.01%～0.03%时，根系和果实已开始受害，而树体由于有储藏营养，地上部此时尚无明显症状表现。磷在树体内容易移动，当缺磷时，老组织内的磷素可向幼嫩组织转移，所以老叶先出现缺磷症状。磷在树体内的分布不均匀，根、茎的生长点中较多，幼叶比老叶多，果实和种子中含磷最多；当磷缺乏时，老叶中的磷，可迅速转移到幼嫩的组织中，甚至嫩叶中的磷也可输送到果实中。

过量施用磷肥，会引起树体缺锌，这是由于磷肥施用量增加，提高了树体对锌的需要量；喷施锌肥，也有利于树体对磷的吸收。磷素过量，也会抑制氮的吸收，还会降低梨树对铜的吸收，并可引起锌、铜、镁等缺素症。

缺磷重点发生地区是新疆、甘肃、宁夏、内蒙古、青海等西北地区，特别在春、夏季，发生较为严重。

1.症状与快速鉴别

幼苗或移植的幼树缺磷时，生活力显著降低，第一年冬季可能造成很大损失，桃树的寿命也会缩短。

缺磷初期，全株叶片呈深绿色，常被误认为施氮过多，此时温度较低，可见叶柄或叶背及叶脉呈紫色或红褐色，随后叶片正面呈红褐色或棕褐色。当叶片呈棕色时，顶端嫩叶直立生长，叶缘及叶尖向下卷曲，新生叶片较狭窄，基部叶片出现黄绿和绿色相间的花斑，此现象向上扩展，引起自下而上过早落叶，有时仅剩顶端少数叶片，以后还可以再长出新叶，但也表现缺磷症，不易脱落。

轻度缺磷，生长较正常，仅枝条较少而细；分枝少，花芽少，果实小，着色早，无光泽，无风味，酸多糖少，成熟早。

严重缺磷时，在生长的中后期，枝条顶端形成轮生叶，果实畸形；在磷、钾同时不足时，表现磷、钾复合缺乏症（图2-2）。

图2-2　桃缺磷症

2.病因

（1）果园土壤含磷量低，速效磷在10毫克/千克以下。

（2）土壤碱性，含石灰质多，或酸度较高。土壤中磷素被固定，不能被果树吸收，磷肥的利用率降低。在疏松的砂土地或有机质多的土壤上，常有缺磷现象。

（3）偏施氮肥，磷肥施用量过少。

3.防治妙招

（1）**秋施基施**　有机肥和无机磷肥或含磷复合肥混合施用。

（2）**叶面喷施**　对缺磷果树，于展叶后，叶面喷施0.2%～0.3%的磷酸二氢钾2～3次，也可用1%～3%的过磷酸钙水澄清溶液，或0.5%～1%的磷酸铵水溶液喷施。

> **注意**　磷过剩，常抑制氮的吸收，并可引起锌、铜、镁等缺素症。

三、桃缺钾症

钾在树体内不形成有机化合物，主要是以无机盐的形式存在。在光合作用中，钾占有重要地位，对碳水化合物的运转、储存，特别对淀粉的形成是必要的条件，对蛋白质的合成也有一定的促进作用。梨树生长或形成新器官时，都需要钾的存在。

树体中有充足的钾，可加强蛋白质与碳水化合物的合成与运输过程，并能提高梨树抗寒与抗病力。缺钾时，钾的代谢作用紊乱；树体内蛋白质解体，氨基酸含量增加；碳水化合物代谢也受到干扰，光合作用受到抑制，叶绿素被破坏，梨树产量、品质、抗逆性均可出现不同程度的降低。

钾在植物体内容易移动，主要集中在生长活动旺盛的部分，所以缺钾时，也在衰老部位先出现。由于缺钾时硝酸盐不能被有效地利用，所以钾和氮的缺乏症常同时发生，不易区分。钾过多时，呼吸作用加强，可使果实增大，但组织松绵，早熟，耐储性下降，果皮粗糙而厚，石细胞多，果肉变黄，着色迟，糖度低，品质差，并可造成生理落果、落叶；同时钾素过剩可以影响钙离子的吸收，引起缺钙，果实耐储性降低，枝条含水量高，不充实，耐寒性降低，还可以抑制氮和镁的吸收。土壤中钾素过量，可阻碍植株对镁、锌、铁的吸收。

主要发生在山西、福建、广东、云南等省份的果园中，在夏季表现尤为严重。

1.症状与快速鉴别

新梢细长，节间长，叶尖、叶缘退绿和坏死。叶缘往上卷，向后弯曲。果小、品质差。

桃树缺钾初期表现，枝条中部叶片皱缩；继续严重缺钾时，叶片皱缩更明显，扩展也快，此时遇干旱，易发生叶片卷曲现象，以至全株呈萎蔫状。

桃树缺钾，在整个生长期内可以逐渐加重，尤其叶缘处坏死扩展最快。坏死组织遇风易破裂，因缺钾而卷曲的叶片背面，常变成紫红色或淡红色（图2-3）。

图2-3　桃缺钾症

2.病因

（1）在细砂土、酸性土以及有机质少的土壤，易缺钾。

（2）在沙质土施石灰过多，易缺钾。

（3）轻度缺钾土壤中施氮肥，刺激果树生长，更易表现缺钾。

（4）日照不足，土壤过湿也可表现缺钾症。

3.防治妙招

（1）秋季施充足的有机肥，如厩肥或草秸。

（2）果园缺钾时，幼果膨大期开始，或6～7月追施草木灰、氯化钾（15～20千克/667平方米）或硫酸钾（20～25千克/667平方米）等钾肥。

（3）叶面喷施0.2%～0.3%磷酸二氢钾水溶液或1%～2%硫酸钾或氯化钾。

果树缺钾，容易遭受冻害或旱害，但施钾肥过多，易诱发缺镁症，对氮、钙、铁、锌、硼的吸收也有影响，果皮厚、硬度小，易发绵，不耐储藏；可通过土壤灌水，降低土壤中钾的浓度。

四、桃树缺钙症

钙是组成细胞壁和胞间层的重要元素，也是植物生长中必需的元素之一。钙离子由根系进入体内，一部分呈离子状态存在，另一部分以难溶的钙盐（如草酸钙、柠檬酸钙等）形态存在，这部分钙的生理作用是调节树体的酸度，以防止酸过量的毒害作用。果胶钙中的钙是细胞壁和细胞间层的组成成分，它能使原生质水化性降低，与钾、镁配合，能保持原生质的正常状态，并调节原生质的活力。果实中有充分的钙，可保持膜不分解，延缓衰老过程，果实品质优良。当果实中钙的含量低，在成熟后，膜迅速分解（氧化）而失去作用。此时，细胞中所有的活动，如呼吸作用和某些酶的活性均加强，导致果实衰老，发生缺钙病害。

钙在树体中不易流动，因此，老叶中的钙比幼叶多，新生组织更容易发生缺钙症状，而且叶片不缺钙时，果实仍可能表现缺钙。有些营养元素会影响钙的营养水平，如铵盐能减少钙的吸收，高氮和高钾要求更多的钙，镁可影响钙的运输等。当发生梨树缺钙症时，生长点受损，根尖和顶芽生长停滞，根系萎缩，根尖坏死，嫩叶失绿变形，常出现弯钩状、叶缘蜷缩、黄化；严重时，新叶抽出困难，甚至互相粘连，或叶缘呈不规则锯齿状开裂，出现坏死斑点。

缺钙会削弱氮素的代谢和营养物质的运输，不利于对铵态氮的吸收，细胞分裂受阻。由于钙只能在开花和花后4~5周内运往果实，因此果实缺钙症状比较多见，施用钙肥可提高叶片和果实抗病等的能力，应重点在前期补施钙肥。

缺钙不仅导致树体生长受阻，还会导致桃的产量下降，品质变差，在国内各地发生较为普遍。

1.症状与快速鉴别

（1）叶片　幼叶边缘呈杯状向上卷曲，展开的叶有整齐的脉和脉间失绿，老叶边缘坏死并破碎；严重时，顶梢枯死。

（2）果实　出现苦痘病、斑点病、皮孔斑点病、裂果、内部腐烂和木栓斑点病等；果面产生褐色圆斑，大小不等，稍凹陷，有时周围有紫色晕圈；病皮下浅层果肉变褐，坏死，呈海绵状，有苦味。

桃果实生长后期，沿腹缝线变软腐烂，也属于生理病害；从缺素来讲，主要是缺钙。桃树对钙特别敏感，缺钙不但出现腹缝线处变软、腐烂，整个桃硬度也降低，口味变坏，耐储藏力下降（图2-4）。

图2-4　桃树缺钙症

2.病因及发病规律

主要原因是土壤中含钙量少。

土壤酸度较高，钙易流失；前期干旱，后期供水过多，不利于钙的吸收利用；氮肥过多，修剪过重，增加了钙向果实的运输，加重了缺钙发病症状。

3.防治妙招

（1）改良土壤，增施有机肥，促进氮、磷、钾、硼、锌、铜等元素稳定均衡供应。

（2）适度修剪，合理疏果，合理负载。

（3）施钙。钙的吸收有两种方式，一是通过根吸收，二是通过叶面吸收。近年来，很多果农大量使用未腐熟的有机肥（尤其是鸡粪类），有机肥未经发酵，施入土壤以后，在发酵过程中产生大量的热量，将嫩的吸收根烧坏，大大影响了根的吸收能力，使树体变弱早衰，甚至死亡，也影响了钙的吸收。叶面补钙效果一般也不太明显，这与叶面使用的钙肥品种关系很大，因为钙在作物体内移动性很小；建议叶面补钙最好选择甘露醇螯合钙、荷皇螯合钙或果蔬钙等，这些钙肥在树体内能够进行上下左右传导，使叶面上的钙能够传导到果实中去，增加了钙的吸收使用效果。

在砂质土壤园中，喷施或穴施石膏、硝酸钙、多效生物钙肥或氧化钙；果面、叶面多次喷布0.5%硝酸钙或氯化钙，或400倍氨基酸钙，或氨钙宝500倍液。

五、桃树缺镁症

镁是叶绿素的重要组成成分，主要分布在含叶绿素的器官内，也是细胞壁中胶层的组成成分，还是多种酶的成分和活化剂。可以影响光合作用、呼吸作用和氮的代谢。果树缺镁，可使叶绿素减少，降低光合强度。

镁的移动性强，在树体内可以迅速流入新生器官。幼叶中镁含量比老叶高，缺镁症状首先表现在老叶；果实成熟时，果肉中镁的又流入到种子中；适量镁素，可促进果实增大，增进品质；严重缺镁时，幼叶也表现出不良症状，果实不能正常成熟，或早期脱落。

在夏季大雨后，容易发生病症，特别是在我国西北地区，发生相对较为频繁。

1.症状与快速鉴别

一年生桃苗的枝条或主茎下部叶片，出现深绿色水渍状区，几小时内即变成灰白色或灰绿色，最后变成淡黄褐色；遇雨后，可变成褐色，最后脱落，使新梢上的叶片只剩一半；枝条柔软，抗寒力差，花芽形成很少。

一般在生长季初期症状不明显，果实膨大期才开始显现病症，并逐渐加重，尤其是坐果量过多的植株，果实尚未成熟便出现大量黄叶。缺镁对果实大小和产量的影响不明显，但着色差、成熟期推迟、糖分低，使果实品质明显降低（图2-5）。

图2-5　桃树缺镁症

2.病因

（1）主要是由于土壤中置换性镁不足，其根源是有机肥质量差、数量少、肥源主要靠化学肥料，而造成土壤中镁元素供应不足。

（2）砂质及酸性土壤中镁元素较易流失，所以缺镁症在我国南方的桃园发生较普遍。

（3）钾肥施用过多，或大量施用硝酸钠及石灰的果园，或氮、磷、钾过多，也会影响镁的吸收，导致发生缺镁症，夏季大雨后病症更为显著。

由于缺镁，常会引起缺锌及缺锰病。

3.防治妙招

（1）**增施有机肥**　果树定植时，要施足优质有机肥；对成年树应在冬前开沟，增施优质有机肥，加强土壤管理；缺镁严重的果园，应适量减少速效钾肥的施用量。

（2）**根施**　酸性土壤中，可施石灰或碳酸镁；中性土壤中，可施硫酸镁；严重缺镁的果园，可施硫酸镁100千克/667平方米；根施效果较慢，但持效期长。

（3）**叶喷**　在植株开始出现缺镁症状时（一般在6～7月份），叶面喷施2%～3%硫酸镁，共3～4次，可减轻病情；也可用氯化镁或硝酸镁，比施硫酸镁效果好，但要注意避免产生药害。

轻度缺镁时，采用叶面喷肥，效果快，严重时则以根施效果较好。

六、桃缺铁症

也叫黄叶病、缺铁性黄叶病、黄化病、白叶病等，是指盐碱地区果树因缺铁而发生的生理性病害。华北和西北区普遍发生；在北方、东部沿海地区及内陆低洼盐碱地，往往是成片大面积发生，发病较重；在中性砂质壤土上，也有不同程度的发生；从幼苗到成龄树的各个阶段，都可发生病症。

铁虽不是叶绿素的组成成分，但对维持叶绿体的功能是必需的，是许多重要的酶辅基的成分。在这些酶分子中，铁可以发生三价铁离子和二价铁离子两种状态的可逆转变；在呼吸作用中，起到电子传递的作用；铁是合成叶绿素时某些酶或某些酶的辅基的活化剂，缺铁时，叶绿素不能合成，叶片表现黄化。

缺铁对于桃果的产量和质量，都有着重要的影响。

1.症状与快速鉴别

发病时，多从新梢顶端的幼嫩叶片开始，初期叶肉先变黄，叶脉两侧仍为绿色，整个叶片呈绿色网纹状失绿。随着病势的进一步发展，黄化程度逐渐加重，甚至全叶呈黄白色，出现锈褐色枯斑或叶缘枯焦，呈枯梢现象，而引起落叶，最后新梢顶端枯死。病树所结果实的颜色，仍然很好（图2-6）。

图2-6 桃缺铁，新叶黄白，具绿色网脉

2.病因

由于铁在植物体内不易流动，缺铁症状先从幼叶上开始出现。一般树冠外围、上部的新梢顶端叶片，发病较重，往下老叶的病情依次减轻。在盐碱土或钙质土上的桃园，最易发生缺铁症。盐碱重的土壤，可溶性的二价铁转化成不可溶性的三价铁，不能被桃吸收利用，表现为缺铁。施氮肥过多，修剪过重，树体内的锰、铅、钼、锌的含量高，能减少铁的吸收。

3.防治妙招

（1）选用抗性强的砧木

（2）改土治碱 增施有机肥，增加土壤有机质含量，挖沟排水，增加土壤透水性，是防治黄叶病的根本措施。

（3）适当补充铁素

① 土施 将硫酸亚铁与有机肥混合施用，每667平方米用20～50千克，治疗黄叶病。

② 枝干喷射 发芽前，枝干喷施0.3%～0.5%硫酸亚铁溶液，可控制病情。

③ 药液灌根 在果树发芽前，用硫酸亚铁30～50倍液浸泡刻伤的侧根，每株灌施药液100千克；也可用罐头瓶或矿泉水瓶，装入硫酸亚铁250倍液约0.5千克，在四个方向的每一方向，找0.5厘米长的根插入瓶中，每株树可用6个瓶；瓶口向上，埋入土中，待根部吸收24小时后，将瓶取出。此法省药，见效快。

④ 树干注射 最常用且效果好的是0.05%～0.1%的硫酸亚铁溶液（pH值3.8～4.4），用0.05%～0.1%的柠檬酸铁注射液注射，也有一定的治疗效果；有的用注射0.5%的硫酸亚铁＋0.5%的硫酸锌；干周40厘米以上的失绿树，每株注射硫酸亚铁20～50克；有效期可维持5年以上。注射法在使用不当时，易发生药害，应小心试用。

⑤ 金属螯合铁的施用 施用螯合铁（乙二胺四乙酸合铁，Fe-EDTA），可以改善土壤中某些营养元素的供应状况。施用螯合铁，不仅树叶恢复绿色，而且花、叶多，枝、叶、根生长好，果实品质得到改善，糖酸比增加，产量提高。在酸性土壤中施用，效果长达29个月。螯合铁除土壤施用外，还可以叶面喷射0.1%～0.2%螯合铁溶液，使叶色恢复。土施或叶面喷射时，都要注意不可过量，以免产生药害。

七、桃缺锰症

锰与果树光合、呼吸及硝酸还原作用都有着密切的关系，还参与叶绿素的合成，为叶绿素的组成物质，又在叶绿素合成中起催化作用。适量的锰，可提高维生素C的含量，保证果树各生理过程的正常进行。

锰元素过多，能抑制三价铁的还原，常会引起缺铁，导致出现缺铁的症状。在树体中，锰多则铁少，铁多又会导致缺锰。在较高pH值的土壤条件下，缺锰与缺铁最有可能同时出现。因此，在新叶出现失绿症状初期，喷布0.2%～0.3%硫酸锰溶液3～7天后，叶片出现复绿，可以确诊为缺锰症。

缺锰症的发生与桃的采摘情况和储藏条件有着紧密的联系，会造成严重的为害。

1.症状与快速鉴别

（1）叶片 中脉、主脉附近的叶肉，呈现绿色带；叶脉间和叶缘退绿，老叶更为明显（图2-7）。

（2）果实 多在果实储藏后期出现，发生在果实阴面绿色部分，初为淡黄色不规则斑块，后转为褐色至暗褐色，稍凹陷，病皮可轻轻揭下；为害严重时，果肉发绵，略带酒味。

图2-7 桃缺锰症

2.病因

病害发生与果实采收过早、着色成熟度差、氮肥施用偏多有关；因环境温度过高，储藏后期果实衰老而诱发。

3.防治妙招

（1）通过适时采收，合理施肥、科学修剪，促进着色，成熟充分。

（2）用0.25%～0.35%乙氧基喹液，在25℃下浸果，或用0.2%～0.4%虎皮灵浸果，药纸包装果实，可防止病害发生。

八、桃缺硼症

在植物体内没有含硼的化合物。硼在土壤和树体中都呈硼酸盐的形态（BO_3^-）。硼与生殖生长有关，能促进花粉发芽和花粉管伸长，从而提高坐果率。硼影响碳水化合物的运输，有利于糖和维生素的合成，能提高蛋白质胶体的黏滞性，增强抗逆性，如提高抗寒、抗旱能力；还能改善根的吸收能力，促进根系生长发育；还与核酸代谢有密切关系。硼能影响分生组织的细胞分化过程，树体内适量的硼，可以提高坐果率，增强树体适应能力。硼可促进激素的运转。

缺硼时，会使根、茎生长受到伤害，形成缩果和芽枯；在5～7月份，发生较为严重，在国内主要产区均有发生，不仅影响果树的生长，还会降低果实的质量。

缺硼时，树体内碳水化合物代谢活动发生紊乱，糖的运转受到抑制。由于碳水化合物不能运到根系中，根尖细胞木质化（表现在咖啡酸、绿原酸积累），导致钙的吸收受到抑制。

硼参与分生组织的细胞分化过程，植株缺硼最先受害的是生长点，由于缺硼而产生的酸类物质，能使枝条或根的顶端分生组织细胞严重受害，甚至死亡。

缺硼也常导致形成不正常的生殖器官，并使花器官萎缩，这是因为在花粉管生长活动中，硼对细胞壁果胶物质的合成有影响。因此，在人工授粉时，常常加入含硼和糖的混合溶液，以提高坐果率。缺硼时，多在果肉的维管束部位发生褐色凹斑，组织坏死，味苦。

在国内时有发生，大多在5～7月出现，严重影响桃的产量和质量。

1.症状与快速鉴别

（1）果实症状类型

① 干斑型　落花后半个月，开始发病，6月发病较多；在果面形成红褐色黏液，后果肉坏死，为褐色至暗褐色，病部干缩，凹陷裂开。

② 木栓型　生长中后期发生较多；初期果肉水渍状，褐色、松软，呈海绵状，后木质化；病果表面凹凸不平，着色不均，有苦味。

③ 锈斑型　果实发病后期，沿果柄周围的果面发生褐色、细密横型条纹锈斑，后锈斑干裂。

（2）枝叶症状（图2-8）

① 枝枯型　新梢顶部的叶片由边缘逐渐向内变成黄色，叶脉叶柄变成红色至红褐色，叶片发生不规则焦枯斑，新梢自顶端向下逐渐枯死；剖开病梢皮层，有褐色坏死斑。

② 帚枝型　春季枝梢上芽枯死，枯芽下部长出许多细枝或丛生枝。

③ 簇叶型　新梢节间缩短，叶狭小、肥厚、质脆、簇生。

2.病因

缺硼是发病的主要原因，土壤缺硼临界值为0.5毫克/千克。土层薄，缺少有机质和植被保护，易造成雨水冲刷而缺硼；5～7月过度干旱，影响根部对硼的吸收，导致缺硼症；氮肥施用过多，增加了硼的需要量，加剧了缺硼病症的发生。

3.防治妙招

（1）加强管理　增施有机肥，合理施用化肥，注意改良土壤，干旱适时浇水。

（2）土壤补硼　落叶或发芽前，结合施基肥，开沟施入硼砂或硼

图2-8　桃缺硼症

酸，施用量为10～15千克/667平方米。

（3）树上喷硼　在桃树开花前、开花期、开花后，连续喷2～3次0.3%的硼酸水溶液。

提示　土壤补硼时，最好是施入硼砂；叶面喷硼时，最好是喷硼酸，因为硼酸比硼砂易溶于水。

九、桃缺锌症

也叫小叶病。在国内主要桃产区，均有发生和为害，主要发生在西部地区。

锌影响植物氮素代谢，还是某些酶的组成成分。成熟叶片进行光合作用与合成叶绿素，都要有一定数量的锌，否则叶绿素合成受到抑制。

果树向阳的一面容易出现缺锌，说明强光促使树体对锌有较多的需求。灌水过多，伤根多，重茬地，重修剪，易导致出现缺锌症状。

1.症状与快速鉴别

早春新梢顶叶小，节间短，叶片呈丛簇状。在枝梢上部，形成许多细小而簇生的叶片，叶脉附近绿色带较缺锰症宽。

二年生桃树缺锌时，常在夏末，叶片上出现褪绿和杂色现象，这种现象由枝梢基部直达顶端普遍发生，少数一年生幼苗也有这种病状。如果不及时补充锌，到下一年初夏间，叶片开始褪绿，叶脉间呈黄绿色，随叶片成熟，病叶上出现紫色花斑，并于叶尖或叶片上出现坏死斑，后枯死并脱落，形成空洞。病叶易早落，枝条呈光秃状。

成年桃树缺锌，枝条顶端的叶片发生褪绿和皱缩现象；病情加重时，可大量落叶，枝梢顶端生出许多小叶，无叶柄，呈簇状丛生，质硬。枝梢光秃后，小叶也无法长出，枝条不久即枯死。

桃缺锌症状见图2-9。

图2-9 桃缺锌症

缺锌时，果实小，果形不整；在大枝顶端的果小而扁，成熟的桃果多破裂。

在一株树上，叶和果实症状会只出现在一个大枝或数个大枝上，而树的其余部分看起来似乎是健康的。

2. 病因

（1）土壤内锌含量少、土壤呈碱性，含磷量高、多施氮肥，有机物和土壤水分过少，铜、镍和其他元素不平衡等，都是发生缺锌症的重要原因。

（2）在砂质土壤中，含锌盐少，且易流失；在碱性土壤中，锌盐常易转化为难溶解的状态，不易被植物吸收利用；或在砂地、瘠薄山地和土壤冲刷较严重的果园；或在极酸性的土壤，都易发生缺锌症。

（3）土壤中缺铜和镁，常使根部发生腐烂，影响对锌的吸收，也会加重缺锌的症状。

（4）果树重茬或苗圃地重茬，修剪过重，伤口过多，易引起缺锌症状。

（5）土壤黏重，活土层浅，根系发育不良，也易引起缺锌症。

（6）盲目过多施用磷肥，也会引起缺锌或加重缺锌。

3. 防治妙招

（1）**叶面喷锌**　春季萌芽前，喷施3%～5%的硫酸锌＋3%～5%的尿素，芽露红时再喷1次1%硫酸锌，可以减轻当年病症，上年重病枝基部，可发旺壮新梢；连喷2年后，可以使重病枝基本恢复正常。

落叶前（10月中旬），根外喷施15%硫酸锌＋5%尿素，有效期可达2年以上。

（2）**树干输锌**　垂直树干向下45°，钻直径0.3～0.5厘米、深6～8厘米的斜洞，将盛有0.5%的硫酸锌500毫升水溶液吊瓶，挂在树枝上，瓶口朝下，将输液针插入斜洞，调整滴速，以不外溢为度，滴3～5瓶即可。

（3）根部吸锌　每株成龄树按0.5%的硫酸锌2～3千克水溶液，分别装入3个瓶中，埋入树下的不同方位，同时挖取直径0.3～0.5厘米的树根，剪成斜口，插入瓶中，利用根系吸收锌液。

（4）树下施锌　结合秋施基肥，每株成龄树施400～600克的硫酸锌，但盐碱地土施锌肥效果不明显。

（5）增施有机肥　土壤有机质含量低，磷肥、铵态氮肥施用过多的果园，易发生小叶病，这是因为磷、铵离子等浓度高，而与锌发生拮抗作用。可结合果园深翻扩穴，通过增施有机肥来解决。

（6）盐碱改良　土壤酸碱度影响对锌的吸收，强酸性土壤的酸根离子抑制锌的吸收和利用。碱性土壤中，锌为难溶状态，利用率也低。土壤pH值保持5.5～6.8时，锌易吸收，可减轻小叶病。强酸性土壤，应增施碱性肥料，如石灰氮、草木灰、硝酸钠、钙镁磷肥、钢渣磷肥等，并结合深翻扩穴，加入植物秸秆、绿肥等，提高通气性，改善土壤团粒结构，降低容重。碱性土壤施酸性肥料，如过磷酸钙、硝酸铵、硫酸钾、氯化钾等，并挖排碱沟，定期引淡水灌溉洗碱，同时种植田菁等绿肥。

（7）调整元素　树体内矿物元素之间的拮抗作用和比例失调，常导致缺锌，可根据叶分析法判断树体营养元素的盈缺。通过配方施肥，调整元素间的比例关系。一般桃树叶片含氮在2.0%～2.5%、磷0.35%～0.60%、钾1.35%～2.5%、钙1.25%～1.75%、镁0.25%～0.40%、锌（15～20）×10^{-6}、铁（25～40）×10^{-6}为宜。

十、桃非侵染性流胶病

在国内各个桃产区发生相当普遍，导致桃树流胶过多，严重破坏桃树生长；严重时，会导致死枝、死树。

1. 症状与快速鉴别

（1）**主干和主枝**　受害初期，病部稍肿胀；早春树液开始流动时，从病部流出半透明的黄色树胶，尤其雨后流胶现象更为严重。流出的树胶与空气接触后，变为红褐色，呈胶冻状，干燥后，变为红褐色至茶褐色的坚硬胶块。病部易被腐生菌侵染，使皮层和木质部变褐腐烂；严重时，枝干或全株枯死（图2-10）。

图2-10　桃非侵染性流胶病

（2）**叶片**　变黄、变小。

（3）**果实**　由果核内分泌黄色胶质，溢出果面，病部硬化，严重时龟裂，不能生长发育，无食用价值。

2. 病因

一般4～10月间，雨季特别是长期干旱后偶降暴雨，流胶病严重。

树龄大的桃树流胶严重；由于各种原因造成的伤口多，或修剪量过大，造成根冠比失调，都易导致发病；栽植过深、土壤板结、土壤偏碱、地势低洼、病虫为害重、施肥不当、负载量过大、枝条不充实，都易引发流胶病。

3. 防治妙招

（1）栽植时，宜选择地势较高、排水良好的沙壤土，土壤黏重的要深翻加沙改土，增加土壤透气性和有机质含量。

（2）冬春枝干涂白，防冻害和日灼。春季对主干上的萌芽要及时掰除，防止修剪时造成伤口，引起流胶。

（3）6月以后至落叶前，不要疏枝，以免流胶；冬剪后对于大的伤口，要及时涂抹杀菌剂或愈合剂。

十一、桃冻害

桃树冻害近年来很常见，一般可发生秋季低温冻害。不少桃树尤其是晚熟品种还没有落叶，经常遇到突然降雪，急剧降温，让果农措手不及；冬季休眠期冻害、生长期花期前后因倒春寒受害，更是屡见不鲜，一直困扰着果农（图2-11）。

图2-11　花期前后倒春寒

1.症状与快速鉴别

枝条横断面上，可以明显看到枝条木质部外层呈现浅褐色；细弱枝大量抽条，干枯死亡；多数果枝不同程度地发生僵芽，鳞片干枯萎缩，呈黑色；病部组织产生离层，一触即落。

器官微观表现：显微切片观察，可看到受冻芽的鳞片蓬松，缝隙较大。

冬季休眠期，桃树花芽抗寒力较弱。花芽受冻后，切开芽体，从内部会发现花蕊发黑。少量花芽受冻，会对当年的产量有一定的影响，但树体生长当年能够恢复；当花芽大量严重受冻时，会严重减产；花芽全部受冻，甚至会绝产。

2.病因及发病规律

发病与气候条件、栽培管理及品种有关。北方寒冷地区秋季多雨，易发生冻害，如果再遭遇突然降温，会更加严重；冬季低温，且持续时间过长，易发生冻害。试验结果表明：桃根系遇有-13～-11℃低温，且持续较长时间时，即可发生冻害。其原因是在低温时，根部细胞原生质流动缓慢，细胞渗透压降低，造成水分供应不平衡，植株就会受冻，温度低到冻结状态时，细胞间隙的水结冰，致细胞原生质的水分析出，冰块逐渐加大，最终细胞脱水死亡。研究证明，植物体上存在具冰核活性（诱发植物体内产生冰核，引起植物霜冻）细菌，这是增加树体发生冻害的因素之一，这类细菌可在-5～-2℃时，诱发植物细胞水结冰，而发生冻害。

3.防治妙招

（1）冬季低温冻害的预防及挽救

①品种选择　冻害严重的桃园，选择引进抗寒性较强的品种。

②选择适地建园　建园要根据栽植品种对生态条件的要求，选择不易遭受冻霜为害的地点，尽可能选择背风向阳的地方，避免地形低洼地、阴坡山间谷地和风口等处。在晚霜易发生的地点，应在建园的同时，营造桃园防护林。

③加强防寒管理　对新定植的幼树，要在生长前期加强肥水管理，生长后期控制肥水的供给，促进枝条成熟老化，这是提高其抗寒性的重要措施。越冬时，可对树干采取覆土、包裹、套塑料筒等防寒措施；北

方桃园冬季进行根部培土防寒，翌春化冻、杏花开时，扒开土堆。

④ 涂白　秋末或早春用涂白剂对主干进行树干涂白。

⑤ 加强土、肥、水管理，提高树体抗寒能力　树体营养物质积累多，抗寒能力就强，反之则弱。受冻的果园要及早中耕松土，在萌芽前后注重施肥和灌水，平时多施有机肥，增强树势；在桃树生长前期加强肥水管理，促进枝叶生长，提高光合效能，以增加营养物质的积累；桃树生长后期，要控制肥水，适量增施磷、钾肥，促使枝条及早停止生长，以利于组织的充实，延长营养物质的积累时间。

⑥ 合理修剪　对于所有桃树的受害枝、叶、果，在短期内不要急于修剪或摘除，应采取晚疏果、多留果的方法，保留未受害或受害轻的果实，保证产量。5月中旬，对不能恢复的枝条，应及时剪除或回缩到健壮部位，促使其重新萌芽抽枝。要重视生长季节的修剪，调控营养分配，保证果实生长发育和花芽形成的需要；夏季摘心，促进枝条早熟；适时采摘，减少树体营养的损耗；促进树势尽早恢复。

⑦ 药剂保护，加强病虫害的防治　树体受冻后，树势较弱，抗病能力降低，极易造成病虫侵害，常诱发感染多种病害，如褐腐病、细菌性穿孔病、腐烂病、流胶病等。要及时喷药进行树体保护，保护叶片完整，提高光合作用效能。从幼果期开始，加强病虫防治，3月下旬喷施1∶2∶200的波尔多液，涂抹敌腐、溃腐灵等杀菌剂；萌芽后，喷施代森锌等保护性的杀菌药剂。虫害以防治早期的蚜虫为主，严格控制为害，促进树体及早复壮。5月下旬～6月上旬，喷施200倍的多效唑（PP333），控制树体旺长；喷洒72%农用链霉素可溶性粉剂4000倍液，可使冰核细菌数量明显减少，防止冻害；喷洒27%高脂膜乳剂80～100倍液，或巴姆蓝丰收液膜200倍液，也可减轻冻害。

⑧ 疏花疏果、合理负载　调节树体营养分配，杜绝"大小年"结果现象。

⑨ 设施栽培　在设施栽培条件下，由于人为可以控制环境条件，

使桃树在接近理想的条件下生长发育，可以避开春季寒冷和晚霜对桃树开花期的危害。

对于已经发生冻害的桃树，应加强冻害后管理，及时挽救，降低损失。

要避免桃树花芽受冻害，应注意控制树体的生长势和花芽分化，夏秋季避免偏施氮肥，冬季修剪时适当多留花芽。

对枝条冻害，应根据冻害程度，萌芽前适时适量修剪，剪去枯死部分，剪除受害枝条，并用3～5波美度的石硫合剂涂抹剪口；对发出的新梢进行合理的夏季修剪。

主干发生严重冻害时，要砍伐后重新建园或嫁接换头，或将枝干受害部位的坏死组织刮除，涂上愈合剂，增加愈合能力，及早恢复生长，并采用劈接、桥接、高接实生苗，补充营养的输送。由于换头要等到春季，在冬季修剪时，要选留优良品种的接穗进行沙藏，以备春季嫁接时应用。

当主侧枝等部分骨干枝冻害死亡时，可从冻死的部分锯掉。对锯口要采取保护措施，可用3～5波美度的石硫合剂或愈合剂涂抹伤口。待新枝发出后，再培养新的骨干枝，锯下的枯枝应及时清理干净。

（2）花期预防倒春寒及受害后挽救措施 桃树休眠期抗寒能力比较强，但进入生长期后，抗寒能力大大减弱，特别在开花期和幼果期对低温的忍受能力更差。桃树开花早，所以极易遭受低温晚霜的为害。花期发生晚霜冻害，会严重影响坐果。桃树开花前，应随时掌握天气变化的信息情况，在霜冻发生前及时采取措施，做好预防霜冻的各项管理准备工作。

① 注意收看天气预报 临近桃树开花期，要注意坚持收看天气预报，根据气温的变化情况及时采取预防措施，最大限度地减轻桃树霜冻的为害程度。

② 灌水 春季桃园干旱、树液开始萌动时，灌水或喷灌可显著降低地温，延迟发芽；发芽后至开花前再灌水1次，一般可延迟开花

2～3天，而在冻害前灌水或喷灌，又可提高地温和树温，能预防和减轻冻害。桃树怕水渍，灌水要视桃园墒情而定。

③ 树干涂白　早春树体涂白能有效地防止日灼，可推迟萌芽开花3～5天。涂白不但能防冻，而且还能有效防治病虫害。涂白可在入冬后，用石硫合剂涂树干，在花芽膨大期至发芽前喷5波美度的石硫合剂等。

④ 果园熏烟　熏烟是预防和减轻冻害的常用方法，预防效果取决于生烟质量，通常可以提高温度约2℃。生烟堆数一般每667平方米至少6堆以上，均匀分布在各个方位，发烟物可用作物秸秆、杂草、落叶、柴草等，并混以锯末等物，外面适当盖土，中间竖草把。在花期夜间，霜冻来临前的傍晚，温度下降至约2℃时，开始点燃，应维持其发烟而不发生明火，使树冠间形成烟雾，以阻止温度继续下降，熏烟时间要持续到日出为止（图2-12）。

图2-12　果园熏烟防冻害

十二、桃日灼病

可为害枝干、叶片和果实（图2-13）。严重时，可导致40%枝干发生日灼病，造成主枝树皮腐烂，裸露木质部经过雨水侵蚀，进一步腐烂，引起树势下降，桃产量低、品质差。

1.症状与快速鉴别

果实受害时，在桃果面出现一个圆形、大型的褐色斑，稍凹陷，中间颜色较深，四周颜色渐浅，边缘不甚明显，表面坚硬，只限于表皮层，用刀切开检查，皮下果肉正常；一般1个果面仅有1个病斑。

图2-13　桃日灼病为害叶片和果实症状

2.病因及发病规律

是一种生理性病害。多因阳光暴晒、修剪不当造成。

多在6月中下旬高温干燥季节开始发病，果实遭受阳光直接照射，在高温干燥的情况下，没有足够的叶片来遮挡炽热的阳光，果面局部升温而被灼伤。受害严重的果实，一般都暴露在阳光直射的地方，病斑多出现在果实的阳面，在树冠上的分布也是东南和南面较多。

3.防治妙招

（1）合理修剪　桃树开张角度大，修剪时应合理安排结果枝组，注意在西南方向多留些枝条；充分利用内膛空间，不能使主枝裸露在阳光下。

（2）加强肥水管理　桃收获后至落叶前，尽早施用基肥，有机肥、无机肥、菌肥混合使用；适时浇水，及时防治病虫害，使桃树枝叶健壮、正常生长发育。

（3）树干包裹　日灼症状多发生在阳光直射的地方，夏秋季节，在树干阳面上，可用废旧衣物、麻袋片、杂草等包裹，避免阳光直射，缩小温差，可避免日灼。如已经发生日灼病病斑，则对裸露的木质部进行包裹，不要让雨水侵入。

（4）遮阴　在高温多雨季节，降雨后果实适当遮阴，可避免果实发生日灼。

十三、桃裂果

裂果是指果实表皮或角质层开裂的现象。在生产中，一般毛桃裂果较轻，多数油桃品种裂果较重，尤其是桃保护地栽培更为严重。普通桃品种裂果虽然较少发生，但也有部分品种，特别是晚熟品种，有时裂果也较严重。油桃的裂果，始于果实快速膨大的初始期，与进入硬核期的时间较为一致，随着果实的增长和体积的增大，裂果率增加，果实转色至成熟期，裂果现象加重。

1.症状与快速鉴别

桃裂果的类型大致可分为四种，即纵裂型、横裂型、放射型和网状裂型（图2-14）。

2.病因及发病规律

引起桃裂果的原因比较复杂，但最主要还是由于肥水管理失调与温度不适引起。落花后，在幼果发育初期，遇到高温干旱，影响了幼果的正常发育，果皮老化，后期灌溉时，细胞猛然吸水膨大，必然会引起严重裂果。此外，品种之间差异显著，有的品种较易裂果，有的品种很少发生。

油桃果皮韧性较差，果肉细胞较紧密，不像水蜜桃那样组织较松软，有一定的缓冲作用，遇到骤然降雨或连续阴雨天气，果肉细胞急

图2-14 桃裂果为害症状

剧膨胀，容易产生裂果。特别是在晴热天气，油桃果面温度较高，如
遇降雨，温度骤变，更容易引起裂果。大多数油桃品种，在南方高温
多湿的气候条件下，容易裂果和产生日灼。特别是一些易裂果的品
种，成熟期裂果现象更为严重。

　　裂果属于生理性病害，一般发生在果实第二次膨大期。此时果
实进入快速膨大期，果肉的膨大往往快于果实的生长，致使果皮开
裂。尤其是久旱遇暴雨，果树吸收大量水分，果实迅速膨大，将果
皮胀开，形成裂果。

　　另外，裂果与缺钙也有一定的关系。增加钙肥的施用，能使果
皮变硬、增加韧性，对防止裂果也有一定的作用。

3.防治妙招

　　（1）选择成熟期能避开雨季的油桃品种　可选择早熟品种，使油
桃在雨季之前成熟；也可以选择不裂果或裂果较轻的品种栽培。适用

的品种有早红宝石、曙光等。

（2）**合理灌溉** 灌水对果肉细胞的含水量有一定的影响，如果能保持一定的适宜含水量，就可以减轻或避免裂果。滴灌是最理想的灌溉方式，它可以为桃的生长发育提供较稳定的土壤水分和空气湿度，有利于果肉细胞的平稳增大，减轻裂果。所以，桃树的水分管理一定要注意不可使土壤过于干旱，在果实膨大期，一直保持合适的土壤墒情，使果实的膨大平稳进行；在久旱情况下，不可猛浇大水；暴雨过后，要及时排水，锄划晾墒，以减少水分的供应过快或过量。

（3）**科学修剪** 位于树冠下部的细弱枝及下垂枝，所结的果实裂果较多，修剪时疏除这些结果枝，可以减少裂果发生率，同时能节约养分，改善树体通风透光条件。

（4）**果实套袋** 是防止油桃裂果最有效的措施。套袋后，为油桃果实增加了一层保护层，无论天气如何变化，果实都处于一个相对稳定的环境中，可减轻裂果；同时，也能避免病虫为害，提高果实质量。套袋在疏果后进行，掌握在当地主要蛀果害虫进入果实以前完成，一般在4月下旬～5月进行。套袋前，先喷1次广谱性杀虫剂与杀菌剂的混合液。在果实着色期，将纸袋从底部撕开。

（5）**预防大棚油桃裂果**

① 喷洒"天达2116"或康凯药液 在开花前5～7天、落花后7～10天及幼果迅速膨大期3个时期，各喷洒1000倍果树专用型"天达2116"叶面肥＋200倍红糖液，或5000倍康凯药液，不但能显著减少裂果现象的发生，而且可增强树体的抗旱、抗寒、抗病等抗逆性能，大幅度提高产量和品质，并能提前3～7天成熟，可显著提高经济效益。

② 注意加强肥水管理、调控好温度 桃树落花后7～10天和幼果迅速膨大期，及时追肥浇水，可明显减少裂果现象的发生。落花后约10天，室内白天温度控制在20～23℃，夜间温度控制在5～10℃；幼果迅速膨大期，室内白天温度控制在23～25℃，夜间温度控制在

10～15℃，可减少或不发生裂果。

十四、桃生理落果与采前落果

1.时期及原因

桃树生理落果一般发生在落花后3～15天。先落者多是因授粉受精不良，后落者是因此时树体储备营养已经消耗尽，而新发叶片数量较少且处于幼嫩状态，光合产物不足，有机营养少，不能满足幼果发育对营养的需求，从而造成大量落果。

桃树采前落果的原因是多方面的。昼夜温差大，白天温度高于33℃，夜晚温度低于10℃；树体留枝过多，光照恶化；相邻的果实互相挤压；水肥管理失调等，都可引起落果现象的发生，但是不会太严重。而在设施桃栽培中，发生采前落果往往比较严重，主要原因是土壤温度低，根系不发新根，活性低，吸收能力差，难以满足果实快速膨大期对水分和肥料的需求；另外，树体光合作用效能低，有机营养不足，果实处于饥饿状态，从而导致后期的落果。

2.防治妙招

（1）花前、花后喷洒150～200倍红糖＋1000倍"天达2116"，可显著减少花后的生理落果。

（2）幼果迅速膨大期，喷洒1000倍"天达2116"，提高桃树耐低温性能，促进发根，可有效地减少采前落果发生。

（3）起高垄、覆地膜，可显著提高土壤温度，促进桃树早发新根，提高根系活性和吸收能力，对减少采前落果效果明显。

在桃树开花前、幼果期及果实膨大期，喷施壮果蒂灵、增粗果蒂，提高营养输送量，可防止落花、落果、裂果、僵果、畸形果，使果实着色靓丽、果型美、味道佳；同时，配合喷施新高脂膜800倍液，可起到液膜套袋的作用，不会影响果实的呼吸，并可防果锈病、防裂果，提高果面着色和光亮度，降低残毒，提高品质。

十五、桃树二次开花

1.症状与快速鉴别

桃树会因为某些原因，春季开完花后，秋季再次开花，称为"二次开花"（图2-15）。

图2-15　桃树二次开花

2.病因

（1）病虫为害　桃园病虫害种类多，像黑星病、黑斑病、轮纹病、褐腐病、锈病，蚜虫、红蜘蛛等，如果防治不及时，或者防治方法不当，常常会导致果园大量落叶，使果树提早进入休眠期。

绝大多数桃树花芽，在当年的初秋就已经形成，由于秋季气温逐渐降低，这些花芽一般在当年并不萌发，进入休眠，经过漫长的冬季，到翌年的3~4月，温度、湿度合适的时候，才会现蕾、开花。当年的9月下旬~10上旬，因受到病虫为害而提前进入休眠的花芽，如遇到像春季一样的气候条件，就会在秋季二次开花。

（2）**天气异常** 果树的根系和地上部分比较起来，喜欢低温、凉爽。入秋以后，根系的活动还比较旺盛，还有1次生长高峰。但如果受到雨季积水或夏秋高温干旱的影响，造成新根缺氧烂根或水分胁迫，或者遭到极特殊的气候，如冰雹、大风等，会引起果树提早落叶，打破地上部分和地下部分的相对平衡，导致部分花芽提早在当年秋季开花。

（3）**管理不当** 果树树势衰弱，营养不良，当年花芽形成早，再加上深秋适宜的温度和外部环境，花芽受到刺激后，就出现了果树一年内两次开花的异常现象。

3.防治妙招

（1）**果树二次开花的预防**

① 选择优良品种 由于品种也是诱发果树二次开花的重要原因，所以对那些经常二次开花的果树，可以用不易二次开花的优良品种进行高接换头，并加强管理，以杜绝二次开花的发生。新建果园时，注意选择适应性和抗逆性强、抗病虫害、丰产、有市场竞争力的品种。

② 加强肥水管理 果树的开花、结果和生长，全靠上一年的养分积累，而上一年的养分积累主要取决于基肥的施用。果树增施基肥，有利于增加树体冬季养分的储备量，提高坐果率，防止二次开花。果树基肥以秋季施用效果最好，因为秋季的土温相对比春季高，土壤墒情也好，施入土壤中的肥料能很快地分解，根系容易吸收。树体储备大量养分，不但能提高果树越冬抗寒的能力，还能为下一年的开花结果提供足够的养分保证。

③ 合理修剪 对果树进行科学地修剪，能够均衡树势，改善通风透光条件，减少病虫害的发生和一些无效的消耗，减少二次开花的概率，促进果树正常生长结果。修剪时，应该从树冠开始由上而下修剪，先去掉并生枝、下垂枝和受到病虫为害的枝条，再短截直立枝、延长枝，然后疏除掉一些多余的主侧枝。

（2）挽救措施

① 合理修剪　如果果树长势旺，开花数量少，可以任其自然生长，因为秋季少量开花，对长势旺的果树影响不大；但是，如果花蕾数量过多，就要采取控长措施，不然会大量消耗营养，削弱树势，不利于果树的越冬，也对下一年的坐果有影响。可以及时掐除花蕾，再结合秋冬季修剪，对那些处于盛果期的果树的生长枝多进行短截，多拉枝、多缓放、少疏剪。生长过旺的树，还可以适度采取环割或环剥等措施。幼旺树也要比正常年份多短截一些。

② 增施有机肥　由于二次开花的果树，生长势减弱，树体养分消耗比较多，要抓住冬初气温高的有利时机，在果树根部深施大量有机肥和适量的速效氮、磷、钾肥，再在叶面喷施0.3%的尿素溶液，有利于恢复树势，提高花芽的质量和枝条的充实度，也能加强树体的抗寒能力。

③ 树盘覆盖　冬季追肥后，还要在树盘覆盖秸秆或者杂草等有机物。树盘覆盖能使地表层土温稳定，同时减少根基地表水分蒸发，有利于增强根系的吸收能力，使果树吸收更多的营养。同时，覆盖的有机物还能为土壤中的微生物繁殖和分解活动创造适宜的温度、湿度和氧气环境，能够促进土壤中有机质的分解转化，提高土壤的有机质含量，改善土壤结构。

提示　有机物的覆盖厚度最好能达到25厘米以上。

第三章
桃主要虫害的快速鉴别与防治

一、桃蚜

也叫桃赤蚜、烟蚜、腻虫、油汗等；属同翅目，蚜科害虫。为害桃树的蚜虫常见有三种，即桃赤蚜、桃粉蚜和桃瘤蚜。桃赤蚜、桃粉蚜为害普遍，桃瘤蚜仅在局部地区为害。

桃蚜是广食性害虫，寄主植物约有74科285种，是栽培果树的主要害虫，又是多种植物病毒的主要传播媒介。

1.症状与快速鉴别

三种蚜虫均在每年春季桃树萌芽展叶时，以成、若蚜聚集桃树嫩梢和幼叶上，叶背面较多，用细长的口针刺入组织内部吮吸汁液。被害后的桃叶呈现小的黑点，或红色和黄色斑点，使叶逐渐苍白，向背面扭卷成螺旋状卷缩；严重时，引起落叶，新梢不能生长，削弱树势，影响产量及花芽的形成；蚜虫排泄的蜜露，污染叶面及枝梢，使桃树生理作用受阻滞，常造成煤烟病，加速早期落叶，影响生长发育（图3-1）。

2.形态特征

（1）成虫　有翅孤雌蚜，体色不一，有绿、黄绿、淡褐、赤褐等颜色；翅透明，脉淡黄；头黑色，额瘤显著；腹管绿色，端部色深，长圆筒形，尾片圆锥形，侧面各有3根刚毛；无翅孤雌蚜体色有绿、黄绿、杏黄及赤褐色。

（2）卵　长椭圆形，初产时淡绿色，渐变为灰黑色，有光泽。

图3-1 桃蚜为害症状

（3）若虫 与无翅胎生雌蚜体形相似，体色不一。

3.生活习性及发生规律

为害桃树的蚜虫都是在早春为害桃树，特别在4～5月份，蚜虫繁殖最快，是为害最严重的时期。生活周期类型属乔迁式，夏、秋季转移到其他作物上为害，冬前再迁回到桃树上产卵越冬。是一种转移寄主生活的蚜虫，但也有少数个体终年生活在桃树上，不再转移寄主。

桃蚜一年发生10余代，甚至20余代，北方每年发生20～30代，南方30～40代。主要以卵在桃树的枝条芽腋间、裂缝处、小枝杈和枝条上的干卷叶里等处越冬；少数以无翅胎生雌蚜在越冬菠菜上或窖藏的秋菜上越冬。

以卵在桃树上越冬的，翌年早春3月中、下旬，桃芽萌发至开花期，卵开始孵化，群集在嫩芽上为害，吸食汁液；3月下旬～4月，以孤雌胎生方式繁殖为害；嫩叶展开后，群集叶背面为害，被害叶呈不规则地向背面卷缩，并排泄蜜状黏液，污染枝梢、叶面，抑制新梢和果实生长，引起落叶；桃叶被害严重时，向背面反卷，叶扭曲畸形；雌虫在4月下旬～5月繁殖最盛，为害最大；5月下旬为害最为严重，虫体大、中、小同时存在；5月下旬以后，产生有翅蚜，夏季有翅蚜陆续迁飞转移到烟草、蔬菜等作物上为害；10月份，有翅蚜又陆续迁飞，回到桃树上为害，并产生有性蚜，交尾产卵越冬。

一般冬季温暖、春暖早而雨水均匀的年份，有利于桃蚜大发生，高温和高湿均不利于发生，数量下降。因此，春末夏初及秋季，是桃蚜为害严重的季节。桃树施氮肥过多或生长不良，均有利于桃蚜为害。

4.防治妙招

（1）**加强管理**　合理整形修剪，加强土、肥、水管理，清除枯枝落叶，刮除粗老树皮。结合春季修剪，剪除被害枝梢，集中烧毁；或在桃树落叶以前，采用化学方法或人工方法，促使桃树提前落叶，以减少飞往桃树上产卵的蚜虫数量。

（2）**保护天敌**　桃树蚜虫的天敌种类很多，如瓢虫、大草蛉、食蚜蝇、寄生蜂等，对蚜虫发生有很强的抑制作用。大草蛉一生可捕食4000～5000头蚜虫。对这些天敌加以保护，可适当减少打药次数，尽量少喷洒广谱性杀虫剂和避免在天敌数量多的时期喷洒，以保护天敌。利用天敌消灭蚜虫，对保护果园生态环境，生产无公害绿色果品等，具有十分重要的意义。

（3）**合理间作**　在桃树行间或果园附近，不宜种植烟草、白菜等十字花科蔬菜，以减少蚜虫的夏季繁殖场所。

（4）**药剂防治**　桃树发芽前（3月上旬），认真细致喷1次3～5波美度的石硫合剂。

早春桃芽萌动、越冬卵孵化盛期至低龄幼虫发生期，即桃树花芽萌动期和桃落叶后被害叶未卷叶以前，是防治桃蚜的关键时期。可用5%啶虫脒·高效氯氰菊酯乳油1000～1500倍液，或50%抗蚜威可湿性粉剂2000～3000倍液，或20%灭多威乳油2000～2500倍液，或20%丁-硫克百威乳油2000～3000倍液，或25%甲萘威可湿性粉剂400～600倍液，或2.5%氯氟氰菊酯乳油1000～2000倍液，或2.5%高效氯氟氰菊酯乳油1000～2000倍液，或5%氯氰菊酯乳油3000～4000

倍液，或2.5%高效氯氰菊酯水乳剂1000～2000倍液，或2.5%溴氰菊酯乳油1500～2500倍液，或5.7%氟氯氰菊酯乳油1000～2000倍液，或20%甲氰菊酯乳油2000～3000倍液，或1.5%精高效氯氟氰菊酯悬浮剂1500～2000倍液，或10%溴氟菊酯乳油800～1000倍液，或1.8%阿维菌素乳油3000～4000倍液，或0.3%苦参碱水剂800～1000倍液，或0.3%印楝素乳油1000～1500倍液，或0.65%茴蒿素水剂400～500倍液，或10%氯噻啉可湿性粉剂4000～5000倍液，或10%吡虫啉可湿性粉剂2000～4000倍液，或30%松脂酸钠水乳剂100～300倍液，或10%烯啶虫胺可溶性液剂4000～5000倍液等；喷药时，加入0.1%～0.2%洗衣粉，可有效地提高杀虫效果；在为害严重的年份，需喷施2次。

暴发严重为害时，施用德宝新一代阿维烯啶虫胺+啶虫脒，进行复配喷施，对顽固性桃树蚜虫有很好的防效。

（5）**药剂涂干**　在蚜虫初发生时（即桃树萌芽期），以80%敌敌畏乳油7份，加水3份配成涂液；或用80%敌敌畏1份，加多功能植物增效剂1份，加水2份，混合配成药液。用毛刷将药液直接涂在主干周围（第一主枝以下），形成宽约6～10厘米的药环。如果树皮粗糙，可先将老翘皮刮除后，再进行涂药。刮老翘皮时，不要伤及嫩皮，涂后用报纸、牛皮纸或塑料薄膜包扎好。

（6）**树干打孔注药**　在树干上打孔，或用铁锥在枝干上由上向下刺45°的斜孔，深达木质部，再用8号或9号注射针每孔注入80%敌敌畏1毫升，封闭孔口，施药后2～3天，可灭杀蚜虫95%以上，效果明显。

二、桃粉蚜

也叫桃大尾蚜、桃粉绿蚜；属同翅目，蚜科害虫。在我国南北各地的桃产区时有出现，以华北、华东、东北等地较为严重。春夏之间经常和桃蚜混合发生，为害桃树叶片；也为害杏、李、榆叶梅、芦苇等。

1.症状与快速鉴别

以成、若虫群集于新梢和叶背刺吸汁液，受害叶片呈花叶状，增厚，叶色灰绿或变黄，向叶片背后对合纵卷，卷叶内虫体被白色蜡粉。严重时，叶片早落，新梢不能正常生长。排泄蜜露，常致煤污病发生（图3-2）。

图3-2　桃粉蚜为害症状

2.形态特征

（1）成虫　有翅孤雌蚜体长约2毫米，翅展约6毫米，头胸部暗黄色，胸瘤黑色，腹部黄绿色或浅绿色；被有白色蜡质粉，复眼红褐色；无翅胎生雌蚜复眼红褐色，腹管短小，黑色，尾片长大，黑色，圆锥形，有曲毛5～6根；胸腹无斑纹，无胸瘤，体表光滑，缘瘤小（图3-3、图3-4）。

（2）卵　椭圆形，初为黄绿色，后变为黑色，有光泽。

（3）若蚜　体小，绿色，被白粉，与无翅胎生雌蚜相似。

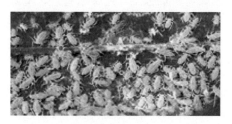

图3-3　桃粉蚜成虫

图3-4　桃粉蚜群集叶背为害

3.生活习性及发生规律

每年发生10～20余代，江西20多代，北京10余代；生活周期类型属乔迁式；以卵在桃、杏、李等果树枝条小枝杈、腋芽及裂皮缝处越冬。翌年桃树萌芽时，卵开始孵化，初孵幼虫群集叶背和嫩尖处为害；5月上中旬，繁殖为害最盛；6～7月间，产生大量有翅蚜，迁飞到芦苇等禾本科植物上为害繁殖；10～11月份，又迁回到桃树上，产生有性蚜，交尾后，产卵越冬。

4.防治妙招

（1）合理整形修剪，加强土、肥、水管理，清除枯枝落叶，刮除粗老树皮；结合春季修剪，剪除被害枝梢，集中烧毁。

（2）在桃树行间或果园附近，不宜种植烟草、白菜等间作物，以减少蚜虫的夏季繁殖场所。

（3）保护天敌　桃粉蚜天敌很多，如瓢虫、草蛉、食蚜蝇等。瓢虫、草蛉对桃粉蚜的分布场所有跟踪现象，1头七星瓢虫、大草蛉一生可捕食4000～5000头蚜虫；1只大食蚜蝇幼虫1天可捕食几百头蚜虫。因此，在用药时，要尽量减少喷药的次数，尽量选用有选择性的杀虫剂。

（4）药剂防治　芽萌动期，喷药防治桃粉蚜，效果最好；越冬卵孵化高峰期，喷施2.5%溴氰菊酯乳油2000～3000倍液或20%氰戊菊酯乳油2000～2500倍液；抽梢展叶期，喷施10%吡虫啉可湿性粉剂2000～3000倍液，每年1次即可控制为害。为害期喷药，可参考桃蚜，在药液中加入表面活性剂（0.1%～0.3%的中性洗衣粉或0.1%害立平），增加黏着力，可以提高防治效果。

三、桃纵卷瘤蚜

也叫桃瘤头蚜，属同翅目蚜科。全国各地均有分布和为害。

1.症状与快速鉴别

以成、若虫群集叶背边缘刺吸汁液，叶片初为淡绿色，后呈桃红色；严重时，全叶卷曲很紧，呈条管形（图3-5）。

图3-5　桃纵卷瘤蚜为害症状

2.形态特征

（1）**成虫** 有翅胎生雌蚜体长 1.8 毫米，浅黄褐色，腹部背面有黑色斑纹；体深绿、黄绿、黄褐等多种颜色。

（2）**卵** 椭圆形，黑色。

（3）**若蚜** 与无翅胎生雌蚜相似，体较小，淡黄或浅绿色，头部和腹管深绿色。

3.生活习性及发生规律

北方一年发生 10 余代，生活周期类型属乔迁式；以卵在桃、樱桃等枝条的芽腋处越冬。北方果区 5 月始见蚜虫为害，6～7 月大发生，并产生有翅胎生雌蚜，迁飞到艾草上；晚秋 10 月，又迁回到桃、樱桃等果树上，产生有性蚜，产卵越冬。

4.防治妙招

（1）**加强果园管理** 结合春季修剪，剪除被害枝梢，集中烧毁。

（2）**合理种植间作物** 在桃树行间或果园附近，不宜种植烟草、白菜等农作物，以减少蚜虫的夏季繁殖场所。

（3）**保护天敌** 保护和利用瓢虫、食蚜蝇、草蛉、寄生蜂等天敌，对蚜虫抑制作用很强，尽量少喷洒广谱性农药。

（4）**树干注药** 在主干上，用铁锥由上向下斜着刺孔，深达木质部，用 8 号注射器注入 80% 的敌敌畏药剂。

（5）**喷药防治** 春季卵孵化后，桃树未开花和卷叶前，及时喷洒药剂防治。常用 10% 吡虫啉可湿性粉剂 3000 倍液，或 10% 氯氰菊酯乳油 2000 倍液，或 80% 敌敌畏乳油 1500 倍液，或 50% 抗蚜威可湿性粉剂 2000 倍液，或 2.5% 敌杀死乳油 8000 倍液，或 50% 辟蚜雾 3000～4000 倍液，或 50% 辛硫磷乳油 1500 倍液，或 50% 马拉硫磷（马拉松）乳油 1000 倍液，或用一遍净、速灭杀丁等药剂；对有耐药性的蚜虫，可用乐本斯 2000 倍液＋50% 西维因 300 倍液混配后，喷雾防治。

四、桃瘿螨

属节肢动物门，真螨目，瘿螨属。该害虫主要针对1～2年生的桃树枝条、芽、花及果实等部位进行为害；造成严重减产，甚至绝产。

1.症状与快速鉴别

（1）**枝条受害** 枝受害后，多为深褐色，纤细而短，呈失水状，芽小而干瘪，紧贴枝条，芽尖褐色，有的枯焦，甚至死亡。

（2）**叶片受害** 叶片上形成退绿色斑，后期叶片向正面纵卷，直至叶片枯黄坠落（图3-6）。

（3）**果实受害** 果实受害时，在花脱落2周后，开始显现病症，果面出现不规则暗绿色病斑。随着果实膨大，病部茸毛逐渐变褐倒伏，脱落，幼螨在桃毛基部为害，使皮下组织坏死，停止生长，形成凹陷，致使果实发育受阻，严重畸形，病部出现深绿色凹陷。后期果实呈着色不均匀的猴头状，果肉深绿色，严重的木质化，果实成熟期发生裂果（图3-6）。

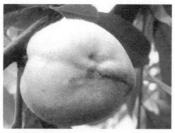

图3-6 桃瘿螨为害叶片及果实症状

2.形态特征

雌螨淡黄色，喙斜下伸，无前叶突，盾板上各纵线俱在，背中线不明显，后端呈箭头状；背瘤位于盾后缘，背、腹环数大体近似，体环上具圆锥形微瘤。

3.生活习性及发生规律

以成螨或若螨在1～2年生枝条的芽上越冬。3月下旬，出蛰为害；桃树开花时，越冬瘿螨为害进入盛期，并产卵；花落后，卵大量孵化为若螨，刺吸刚形成的桃小幼果。

4.防治妙招

（1）在早春及结果期，合理灌水，适期施肥，保证开花、授粉良好，果实生长期营养充分。

（2）夏季整形时，用牵拉的方法，使树冠开展，保证内膛枝条能够接受更多的阳光，促使枝条健壮，芽多而饱满。

（3）冬季修剪时，剪除因瘿螨为害而形成的纤细而干枯的枝条。

（4）药剂防治　为害严重的果园，冬前对落叶枝条喷洒杀螨剂（克螨特等），以减少越冬基数。早春花芽膨大前，喷3～5波美度的石硫合剂，消灭出蛰的越冬瘿螨；落花后（5月上旬），再喷1次。果实生长初期（6月初），喷1次杀螨剂，如1.8%阿维菌素乳油2000～2500倍液，果实生长中期再喷1次。

五、桃小绿叶蝉

也叫桃小浮尘子，属同翅目，叶蝉科。是桃树重要害虫之一，国内大部分桃产区均有分布，以长江流域发生为害较重。为害桃、杏、李、樱桃、梅、苹果、梨、葡萄等果树及禾本科、豆科等植物。

1.症状与快速鉴别

以成虫、若虫吸食芽、叶和枝梢的汁液为害。早期吸食花萼、花瓣，落花后吸食叶片。被害叶片初期，叶面出现失绿的黄白色小斑点，后期为害严重时，斑点相连，逐渐扩大成片，叶片呈苍白色，提早脱落。受害严重的果树，全树叶片一片苍白，提前落叶，造成树势衰弱。除了过早落叶，有时还会造成秋季二次开花，严重影响翌年的开花结果（图3-7）。

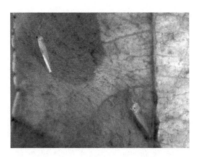

图3-7 桃小绿叶蝉为害叶片症状

2.形态特征

（1）成虫 体长3.3～3.7毫米，体淡黄、黄绿或暗绿色；头顶钝圆，其顶端有1黑点，黑点外围有1白色晕圈；前翅半透明，略呈革质，淡黄白色，翅脉黄绿色，后翅无色透明，翅脉淡黑色（图3-8）。

（2）卵 长椭圆形，一端略尖，乳白色，半透明。

（3）若虫 共5龄，全体淡黑色，复眼紫黑色，翅芽绿色。

图3-8 成虫

3.生活习性及发生规律

每年发生4～6代。以成虫在桃园附近的松、柏等常绿树叶中或杂草丛中越冬。翌年3～4月间，开始从越冬场所迁飞到嫩叶上刺吸为害；第二代于3月上中旬，先在早期发芽的杂草和蔬菜上生活，待桃树现蕾萌芽时，开始迁往桃树上为害；谢花后，大多数集中到桃树上为害；成虫产卵于叶背主脉内，以近基部为多，少数在叶柄内，雌虫一生产卵46~165粒；若虫孵化后，喜群集在叶背面吸食为害，受惊时，很快横行爬动。第一代成虫开始发生于6月初，第二代7月上旬，第三代8月中旬，第四代9月上旬，全年以7~9月份桃树虫口密度最高。9月间发生最后一代成虫，以后成虫于10月间桃树落叶后，迁入到绿色草丛间、越冬作物上，或在松柏等常绿树丛中寻找越冬场所越冬。

成虫在天气温和晴朗时行动活跃，清晨或傍晚及有风雨时不活动，在气温较低时活动性较差。因此，早晨是防治的有利时机。若虫喜群集叶片背面，受惊时很快横向爬动分散。

4. 防治妙招

（1）加强果园管理　秋冬季节，彻底清除落叶，铲除杂草；成虫出蛰前，及时刮除老翘皮，集中烧毁，消灭越冬成虫，减少越冬虫源。

（2）药剂防治　成虫在桃树上迁飞时，以及在各代若虫孵化盛期，及时进行防治。一般在谢花后的新梢展叶生长期、5月下旬第一代若虫孵化盛期和7月下旬~8月上旬第二代若虫孵化盛期3个关键时期，进行喷药防治。及时喷洒10%吡虫啉可湿性粉剂2000~3000倍液，或5%高效氯氰菊酯乳油2000~3000倍液，或20%氰戊菊酯乳油2000~2500倍液，或25%溴氰菊酯乳油2500~3000倍液，或1.8%阿维菌素乳油3000~4000倍液，或24%灭多威可溶性液剂800~1000倍液，或30%氟氰戊菊酯乳油3000~4000倍液，或10%硫肟醚水乳剂1000~1500倍液，或20%叶蝉散（灭扑威）乳油800倍液，或25%速灭威可湿性粉剂600~800倍液，或20%害扑威乳油400倍液，或50%马拉硫磷乳油1500~2000倍液，或20%菊马乳油2000倍液，或2.5%敌杀或功夫乳油及其他菊酯类药剂，均能收到较好的防治效果。

六、桃一点叶蝉

也叫桃一点斑叶蝉，属同翅目，叶蝉科。分布广泛，为害桃、山杏、李、苹果、山茶等。

1.症状与快速鉴别

为害症状与小绿叶蝉、二星叶蝉为害症状相同（图3-9）。

2.形态特征

（1）成虫　体长3.1～3.3毫米，淡黄、黄绿或暗绿色；头部向前成钝角突出，端角圆；头冠及颜面均为淡黄或微绿色，在头冠的顶端有1个大而圆的黑色斑，黑点外围有1白色晕圈；复眼黑色，前胸背板前半部黄色，后半部暗黄而带绿色；前翅半透明，淡白色，翅脉黄绿色，前缘区的长圆形白色蜡质区显著，后翅无色透明，翅脉暗色；足暗绿，爪黑褐色；雄虫腹部背面有黑色宽带，雌虫仅具1个黑斑（图3-10）。

图3-9　桃一点叶蝉为害叶片症状　　　图3-10　成虫

（2）卵　长椭圆形，一端略尖，长0.75～0.82毫米，乳白色，半透明。

（3）若虫　共5龄，体长2.4～2.7毫米，全体淡黑绿色，复眼紫黑色，翅芽绿色。

3.生活习性及发生规律

在江苏、浙江地区一年发生4代，江西、福建地区一年发生6代。以成虫在杂草丛、落叶层下和树缝等处越冬。翌年桃树萌芽后，越冬成虫迁飞为害与繁殖。卵多散产在叶背主脉组织内，若虫孵化后，留下褐色长形裂口。前期为害花和嫩芽，花落后转移到叶片上为害。若虫喜欢群居在叶背，受惊时，横行爬动或跳跃。4代发生为害期在4～9月，以7～8月最为严重；6代为害期在3～11月，以8～9月发生最为严重。

4.防治妙招

（1）农业防治　秋后，彻底清除落叶和杂草，集中烧毁，以减少虫源。

（2）药剂防治　防治上必须掌握3个关键时期：一是3月间越冬成虫迁入期，即谢花后，新梢展叶生长期；二是在5月中下旬的第一代若虫孵化盛期；三是在7月中、下旬～8月上旬，果实采收后的第二代若虫孵化盛期。药剂可选用对同翅目昆虫有特效而对天敌安全的高选择性药剂，常用25%扑虱灵可湿性粉剂，每100升水中加入50～70克药剂喷雾；或50%啶虫脒水分散粒剂3000倍液，或10%吡虫啉可湿性粉剂1000倍液，或40%啶虫.毒乳油1500～2000倍液，或80%敌敌畏乳油1000倍液，或杀灭菊酯2000倍液，或叶蝉散300倍液，或灭扫利2000倍液，或啶虫脒水分散粒剂3000倍＋5.7%甲维盐乳油2000倍混合液，喷雾，均可进行有针对性的防治。

七、桃潜叶蛾

是桃树的重要害虫之一，在北方大部分桃产区都有分布。寄主植物主要有桃、李、杏和樱桃等核果类果树。发生虫害严重的桃园，7月份造成大量落叶，影响叶片光合效率、桃果质量、枝条充实度及花芽质量。

1.症状与快速鉴别

以幼虫在叶片内潜食叶肉，造成弯曲迂回的蛀道，叶片表皮不破裂，从外面可看到幼虫所在位置；幼虫排粪于蛀道内；在果树生长后期，蛀道干枯，有时穿孔；虫口密度大时，叶片枯焦，提前脱落（图3-11）。

图3-11 桃潜叶蛾为害叶片症状

2.形态特征

（1）成虫 体长3毫米，翅展6毫米，体及前翅银白色；前翅狭长，先端尖，附生3条黄白色斜纹，翅先端有黑色斑纹；前后翅都有灰色长缘毛（图3-12）。

（2）卵 扁椭圆形，无色透明，卵壳极薄而软。

（3）幼虫 体长6毫米，胸淡绿色，体稍扁；有黑褐色胸足3对（图3-12）。

（4）茧 扁枣核形，白色，茧两侧有长丝粘于叶上。

图3-12　桃潜叶蛾成虫及幼虫

3.生活习性及发生规律

每年发生5代，以蛹在枝干的翘皮缝、被害叶背及树下杂草丛中结白色薄茧越冬。翌年4月下旬～5月初，成虫羽化，夜间产卵于叶表皮内；孵化后的幼虫呈浅绿色，受震动后会吐丝下垂；幼虫老熟后，从蛀道中脱出，在树干翘皮缝、叶背及草丛中，仍结白色薄茧化蛹，5月底～6月初，发生第一代成虫；以后每月发生1代，直至9月底～10月初发生第5代。

4.防治妙招

（1）**消灭越冬虫体**　冬季结合清园，刮除树干上的粗老翘皮，连同清理的桃叶、杂草，集中焚烧或深埋。

（2）**性诱剂诱杀成虫**　选一广口容器，盛水至边沿1厘米处，水中加少许洗衣粉，然后用细铁丝串上含有桃潜叶蛾成虫性外激素制剂的橡皮诱芯，固定在容器口中央，即成诱捕器。将制好的诱捕器悬挂于桃园中，高度距地面1.5米，每667平方米挂5～10个。夏季气温高，水蒸发量大，要经常给诱捕器补水，保持水面的高度要求。挂诱捕器不但可以诱杀雄性成虫，而且可以预报害虫消长情况，指导化学防治。

（3）**化学药剂防治**　关键是掌握好用药时间和种类。在越冬代和第一代雄成虫出现高峰后的3～7天内喷药，可获得理想效果。如果错过了防治最佳时期，只要在下一个成虫发生高峰后3～7天内适时用药，也能控制虫害的发展。第一次用药一般在桃落花后，然后每隔15～20天喷1次药；常用25%灭幼脲3号悬浮剂1500～2000倍液，或20%杀铃脲悬浮剂6000～8000倍液，或90%万灵可湿性粉剂4000倍液，或3%啶虫脒乳油2000倍液，或40%毒死蜱乳油1500倍液，防治桃潜叶蛾的卵和幼虫效果良好，且具有高渗透的作用。

八、桃棉褐带卷蛾

也叫苹果小卷叶蛾、远东卷叶蛾、网纹褐卷叶蛾、茶小卷蛾，俗称舐皮虫，属鳞翅目，卷叶蛾科。国内很多省市有分布，近几年来在桃树上发生较大，为害日趋严重。为害桃、苹果、梨、山楂、李、杏、海棠、紫薇、柑橘、脐橙、龙眼、银杏等。桃树发芽后，幼虫啃食叶肉，也可啃食果实皮层，严重降低果品产量和等级，必须加强防治。

1.症状与快速鉴别

初孵幼虫群栖在叶片上为害，以后分散为害，并常吐丝缀连叶片成苞，在其中啃食叶肉，造成叶片网状或孔洞，有的还啃食果皮，使果品质量下降。

2.形态特征

（1）成虫　体长6～8毫米，翅展15～20毫米；体黄褐色或棕黄色，触角丝状，下唇须明显前伸；前翅基部狭窄，略呈长方形，基斑、中带、端纹深褐色；中带前半部较狭，中央较细，有的个体中断，带的后半部明显较前半部宽，或分2叉，内支止于后缘外1/3处，外支止于臀角附近；端纹多呈"Y"状，向外缘中部斜伸；翅面上常有数条暗褐色细横纹；雄虫前缘褶明显；后翅淡黄褐色微灰，缘毛灰黄色；腹部淡黄褐色，背面色暗（图3-13）。

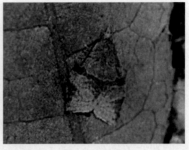

图3-13　桃棉褐带卷蛾成虫

（2）卵　扁平椭圆形，直径约0.7毫米，淡黄色半透明，孵化前黑褐色。数十粒成块，卵块扁平，呈鱼鳞状排列。

（3）幼虫　体长约13～18毫米，体细长，翠绿色；头小，淡黄白色，单眼区上方有1棕褐色斑；前胸盾和臀板与体色相似或淡黄色；胸足淡黄或淡黄褐色；臀栉6～8齿；低龄体淡黄绿色（图3-14）。

图3-14　幼虫

（4）蛹　体长9～11毫米，较细长，初为绿色，后变为黄褐色；2～7腹节背面各有两横列刺，前列刺较粗，后列刺小而密，均不到气门；尾端有8根钩状臀棘，向腹面弯曲。

3.生活习性及发生规律

东北、华北、西北地区一年发生2～3代，黄河故道地区一年发生

4代，以低龄幼虫在皮缝隙内、伤口处结白色薄茧越冬。翌年春季桃发芽时，越冬幼虫开始出蜇，顺着枝条爬到新梢枝嫩芽、花蕾和嫩叶上为害，老熟后卷于叶内化蛹；5月幼虫老熟化蛹，蛹期6～9天。成虫昼伏夜出，有趋光性，对黑光灯、果汁、果醋和糖醋液有强趋性。羽化后1～2天，便可交尾产卵。成虫产卵于叶面和果面上，每个雌成虫可产卵百余粒。卵块扁平，呈鱼鳞状排列，卵期6～10天。初孵幼虫多分散在卵块附近的叶背和前代幼虫的卷叶内为害，稍大后各自卷叶，并可为害果实。幼虫很活泼，震动卷叶后急剧扭动身体，并吐丝下垂。

3代地区成虫发生期，分别在5月中下旬～7月上旬、7月中下旬～8月中下旬、8月中下旬～9月中下旬；4代区分别在5月中下旬、6月下旬～7月上旬、8月上旬前后、9月中旬前后，有世代重叠现象。第三代卵期约7天，幼虫孵化为害一段时间后，在10月中下旬秋后，以末代幼龄幼虫寻找适合的缝隙，结薄茧越冬。

4.防治妙招

（1）**摘除卷叶**　及时摘除受害的卷叶，减少虫源。

（2）**诱杀成虫**　用黑光灯或糖醋液（加少许杀虫剂）诱杀成虫，使用方便，对环境无污染，有利于保护天敌。

（3）**药剂防治**　越冬幼虫出蜇盛期及第一代卵孵化盛期后，是施药防治的关键时期。尽量选择在低龄幼虫期防治，此时虫口密度小，为害小，且虫的耐药性相对较弱。常用80%敌敌畏乳油，或25%爱卡士乳油1500倍液，或50%马拉硫磷乳油1000倍液，或2.5%功夫（高效氯氟氰菊酯）乳油1000～1500倍液，或2.5%敌杀死乳油2000倍液，或20%速灭杀丁乳油3000～3500倍液，或2.5%天王星乳油4000～5000倍液，或45%丙溴辛硫磷1000倍液，也可用其他菊酯类杀虫剂或菊酯与有机磷复配剂，如20%氰戊菊酯1500倍液＋5.7%甲维盐2000倍混合液，或40%啶虫·毒（必治）1500～2000倍液，喷杀幼虫，可连用1～2次，间隔7～10天；应交替用药，以延缓耐药性的产生。

（4）保护和利用天敌　如赤眼蜂、姬蜂、肿腿蜂、茧蜂、绒茧蜂等；虫害发生期，释放赤眼蜂，每代放蜂3～4次，间隔5天。

九、棉铃虫

也叫棉铃实夜蛾、红铃虫、绿带实蛾、钻心虫等，属于鳞翅目、夜蛾科。是分布广泛的杂食性、多寄主害虫，为世界性害虫；在我国各地均有分布，常大量发生；杂食性，寄主有桃、枣、苹果、泡桐等果树，万寿菊、香石竹、扶郎花、木槿等花木，以及百日草、向日葵、棉花、玉米、烟草、番茄、西瓜等农作物。

1.症状与快速鉴别

该虫主要以幼虫钻蛀花蕾，咬食花朵及嫩梢上的新叶为害，造成落蕾、落花，最后导致叶片缺刻（图3-15）。

图3-15　棉铃虫为害症状

2.形态特征

（1）成虫　体长14～20毫米，翅展36～40毫米；雌蛾黄褐色，前翅赤褐色；雄蛾灰褐色，触角丝状，黄褐色；中横线由肾状纹下斜伸至翅后缘，末端达环状纹的正下方；外横线斜向后伸达肾状纹正下方；后翅淡褐至黄白色，外缘有一褐色宽带，宽带中部有2个淡色斑，不靠近外缘（图3-16）。

（2）**卵**　约0.5毫米，半球形，有光泽，初孵时，乳白色或淡绿色，孵化前深紫色，卵壳上有纵横网格。

（3）**幼虫**　老熟幼虫体长30～42毫米，体色因食物及环境不同而变化很大，有淡绿、绿、淡红、黑紫色等，以绿色和红褐色较为常见，两根前胸侧毛连线与前胸气门下端相切，甚至通过前胸气门，体表布满褐色和灰色小刺，小刺长而尖，底座较大；体壁显得较粗厚；腹部各节背面有许多小毛瘤，上生小刺毛（图3-16）。

（4）**蛹**　体长17～21毫米，纺锤形，黄褐色；腹部第5～7节的背面和腹面密布半圆形刻点，腹末端有臀刺两根，黑褐色刺，尖端微弯（图3-16）。

图3-16　成虫、幼虫及蛹

3. 生活习性及发生规律

年发生量各地不一，内蒙古、新疆每年发生3代，华北每年4代，云南大部分地方一年发生4～5代，南部及西南部边远地区和低热河谷地区一年可发生6～7代；都是以蛹在土壤中越冬。华北地区翌年4月中旬开始羽化，5月上中旬为羽化盛期；翌年4月中下旬，温度在15℃以上时，成虫开始羽化，羽化期可延长1个多月，有世代重叠的现象。成虫昼伏夜出，白天多栖息在植株丛间，傍晚活跃，集中在开花植物上吸食花蜜；对黑光灯及萎蔫的杨柳枝有强烈趋性。雌蛾将卵产在嫩叶、嫩梢、茎基或果实上，一般每头雌蛾产卵100～200粒，多者可达千余粒，产卵期持续7～13天。初孵幼虫取食嫩叶和小花蕾，被害部分残留表皮，形成小凹点；2～3龄时，吐丝下垂，分散为害花蕾及花；幼虫期15～22天，共6龄；老熟幼虫入土内3～9厘米处，筑土室化蛹；蛹期9～15天，10中下旬仍可见到成虫。

4. 防治妙招

（1）**诱杀**　根据成虫有趋光性，可用黑光灯诱杀成虫；也可用杨柳枝或性诱剂诱杀成虫；在幼虫孵化期，也可人工捕杀。

（2）**农业防治**　果园附近不要种植棉花等棉铃虫易产卵的作物，以减少着卵量；园地进行轮作，在冬季进行翻耕，可杀死部分越冬蛹。

（3）**药剂防治**　从产卵盛期至2龄幼虫蛀果前是防治的关键时期。应选用杀卵、杀幼虫效果好，不杀伤天敌、不污染环境，对人、畜、禽安全的药剂。常用25%灭幼脲3号1500倍液＋果树专用型"天达-2116"1000倍液与20%天达虫酰肼乳油2000倍液＋果树专用型"天达-2116"1000倍液交替喷洒，每10～15天喷布1次，连续喷洒2～3次。以上药剂既对抗性棉铃虫有极高的防治效果，又能避免产生耐药性，不污染环境，而且能增强树体的抗病等抗逆性能，大幅度提高产量和改善果实品质。

在害虫发生盛期，用45%丙溴辛硫磷（国光依它）1000倍液，或

20%氰戊菊酯1500倍液＋5.7%甲维盐2000倍液组合，喷杀幼虫，可连用1～2次，间隔7～10天。

（4）生物防治 用Bt乳剂，或苏云金芽孢杆菌制剂，或棉铃虫核型多角体病毒稀释液喷雾，也都有较好的防治效果。

棉铃虫的天敌有姬蜂、跳小蜂、胡蜂及多种鸟类等，应注意保护和利用。

十、桃剑纹夜蛾

也叫苹果剑纹夜蛾，属鳞翅目，夜蛾科害虫。是一种国际性的害虫，全国各地均有分布；对叶片和果实造成严重的为害。

1.症状与快速鉴别

以低龄幼虫群集叶背啃食叶肉，呈纱网状；幼虫稍大后，将叶片食成缺刻，并啃食果皮；大发生时，常啃食果皮，使果面上出现不规则的坑洼。

2.形态特征

（1）成虫 体长18～22毫米，前翅灰褐色，有3条黑色剑状纹，1条在翅基部，呈树状，2条在端部，翅外缘有1列黑点（图3-17）。

（2）卵 表面有纵纹，黄白色。

（3）幼虫 体长约40毫米，体背有1条橙黄色纵带，两侧每节有1对黑色毛瘤，腹部第1节背面为一突起的黑毛丛（图3-17）。

（4）蛹 体棕褐色，有光泽，1～7腹节前半部有刻点，腹末有8个钩刺。

3.生活习性及发生规律

一年发生2代，以蛹在地下土中或树洞、裂缝中作茧越冬。越冬代成虫发生期在5月中旬～6月上旬，第一代成虫发生期在7～8月份；卵散产在叶片背面叶脉旁或枝条上。

图3-17 桃剑纹夜蛾成虫、幼虫

4.防治妙招

（1）**人工灭蛹** 秋后深翻树盘，刮除老粗翘皮，灭越冬蛹，有一定的防治效果。

（2）**药剂防治** 虫量少时，不必专门防治；发生严重时，可喷洒5%顺式氰戊菊酯乳油5000～8000倍液，或30%氟氰戊菊酯乳油2000～3000倍液，或10%醚菊酯悬浮剂800～1500倍液，或20%抑食肼可湿性粉剂1000倍液，或8000国际单位/毫升苏云金杆菌可湿性粉剂400～800倍液，或0.36%苦参碱水剂1000～1500倍液，或10%硫肟醚水乳剂1000～1500倍液等，均可收到良好的防治效果。

十一、桃双齿绿刺蛾

属鳞翅目，刺蛾科害虫。在国内各桃产区均有发生。主要活动区域在陕西、山西等；主要为害桃、山杏、海棠、紫叶李、柿、白蜡等多种果树及园林植物。

1.症状与快速鉴别

低龄幼虫多群集叶背取食下表皮和叶肉，残留上表皮和叶脉，呈半透明斑，数日后干枯，常脱落；3龄后，陆续分散食叶成缺刻或孔洞，严重时，常将叶片吃光（图3-18）。

图3-18　桃双齿绿刺蛾为害症状

2.形态特征

（1）**成虫**　体长9～11毫米，前翅斑纹极似褐边绿刺蛾，但其前翅基斑略大，外缘棕褐色，边缘为波状条纹，呈三度曲折，可与褐边绿刺蛾区分（图3-19）。

（2）**卵**　扁平，椭圆形，黄绿色，数十粒排成鱼鳞状。

（3）**幼虫**　老熟时，体黄绿色；前胸背面有1对黑斑，胸、腹部各节亚背线及气门上线均着生瘤状枝刺，其中以中、后胸及腹部第6、7节亚背线上着生的枝刺较大，前3对枝刺上着生黑色刺毛；腹部第1～5节气门上线上着生的枝刺，比亚背线上的枝刺大；腹部末端有4簇黑色毛丛（图3-19）。

（4）**蛹**　体椭圆形，肥大；初为乳白色至淡黄色，以后颜色渐深；羽化前，胸部背面淡黄绿色，触角、足及腹部黄褐色，前翅暗绿色，翅脉暗褐色。

（5）**茧**　椭圆形，扁平，淡褐色。

3.生活习性及发生规律

每年发生1代，以老熟幼虫在枝条上结茧越冬。7月上旬～7月下旬羽化。7～8月是幼虫发生为害期。

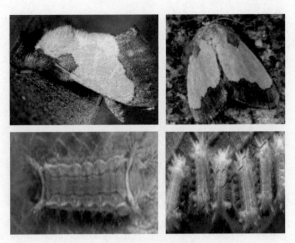

图3-19　桃双齿绿刺蛾成虫、幼虫

4.防治妙招

（1）结合果树冬剪，彻底清除或刺破越冬虫茧。

（2）在发生量大的年份，在果园周围的防护林上清除虫茧；夏季结合农事操作，人工捕杀幼虫。

（3）药剂防治。幼虫发生初期，喷施20%虫酰肼悬浮剂1500倍液，或5%丁烯氟虫腈乳油1500倍液，或20%丁硫克百威乳油2000～3000倍液，或25%灭幼脲悬浮剂1500～2000倍液等。

十二、桃中国绿刺蛾

也叫褐袖刺蛾、小青刺蛾，鳞翅目，刺蛾科害虫。主要分布在华北、山东、四川、贵州、湖北、江西等地。幼虫为害桃、核桃、梨、李、樱桃、栀子花、紫藤、杨、柳、榆等。

1.症状与快速鉴别

幼虫啃食寄主植物的叶片，造成缺刻或孔洞；严重时，常将叶片吃光。

2.形态特征

（1）**成虫** 头和胸绿色，前翅基部褐色，外绿黄色，有褐色边，呈曲线状；后翅和腹部黄色，其他部位为绿色（图3-20）。

（2）**卵** 扁平、椭圆形。

（3）**幼虫** 头小，棕褐色，缩在前胸下面；体黄绿色，前胸盾具1对黑点，背线红色（图3-20）。

（4）**蛹** 短粗，初淡黄色，后变为黄褐色。

（5）**茧** 扁椭圆形，暗褐色。

图3-20 桃中国绿刺蛾成虫、幼虫

3.生活习性及发生规律

北方一般每年发生1代，以前蛹在茧内越冬。5月害虫陆续化蛹，6～7月成虫大量发生，交配产卵后，7～8月幼虫大量发生。老熟后，在枝干上结茧越冬。

南方多为2～3代。发生2代的，在4月下旬～5月中旬化蛹，5月下旬～6月上旬成虫羽化，第一代幼虫发生期集中在6～7月，7月中下旬化蛹，8月上旬出现第一代成虫。第二代幼虫8月底开始陆续老熟，结茧越冬。发生3代的，只有少数害虫在9月上旬化蛹羽化，发生第二代成虫，第三代幼虫11月老熟，在枝干上结茧越冬。

4.防治妙招

（1）结合冬季修剪，如果发现枝干上有绿刺蛾越冬茧，要及时采集，集中销毁。

（2）冬季土壤深翻，挖除土壤中的越冬茧，清除干基周围表土等处的越冬茧，并集中烧毁；低龄幼虫喜群集为害，结合桃园田间作业，及时剪除群集在一起的低龄幼虫。

（3）药剂防治　在幼虫低龄期，及时喷施8000国际单位/毫克苏云金杆菌可溶性粉剂1000倍液，或25%灭幼脲悬浮剂2000倍液，或2.5%氯氰菊酯乳油3000倍液，或20%氰戊菊酯乳油3000倍液，或10%联苯菊酯乳油4000～5000液。

十三、桃树褐刺蛾

属鳞翅目，刺蛾科害虫。全国各地均有分布。寄主植物为桃、梨、柿、板栗、茶、桑、柑橘、白杨等。

1.症状与快速鉴别

幼虫取食叶肉，仅残留表皮和叶脉；大龄幼虫将叶片食成缺刻状（图3-21）。

图3-21　桃树褐刺蛾为害症状

2.形态特征

（1）成虫　复眼黑色，头和胸部绿色；雌虫触角丝状，褐色，雄虫触角基部2/3为短羽毛状；胸部中央有1条暗褐色背线，前翅大部分绿色，基部暗褐色，外缘部灰黄色，其上散布暗紫色鳞片，内缘线和翅脉暗紫色，外缘线暗褐色；后翅灰黄色（图3-22）。

（2）卵　椭圆形，初产时乳白色，渐变为黄绿至淡黄色，数粒排列成块状。

（3）幼虫　末龄幼虫体圆柱状，略呈长方形；初孵化时黄色，长大后变为绿色；头黄色，甚小，常缩在前胸内；前胸盾上有2个横列黑斑，腹部背线蓝色；胴部第2节至末节，每节有4个毛瘤，其上生1丛刚毛；第4节背面的1对毛瘤上各有3～6根红色刺毛，腹部末端的4个毛瘤上生有蓝黑色刚毛丛，呈球状；背浅绿色，两侧有深蓝色点（图3-22）。

（4）蛹　椭圆形，肥大，黄褐色（图3-22）。

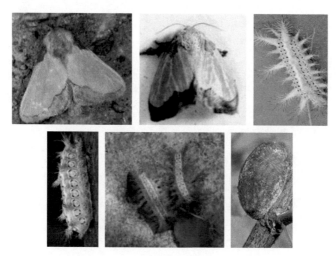

图3-22　桃树褐刺蛾成虫、幼虫及蛹

3.生活习性及发生规律

每年发生2～4代，以老熟幼虫在树干附近土中结茧越冬。越冬幼虫在5月上旬开始化蛹，5月底～6月初开始羽化产卵；6月中旬开始出现第1代幼虫，至7月下旬老熟幼虫结茧化蛹；8月上旬成虫羽化，8月中旬为羽化产卵盛期，8月下旬又出现幼虫，大部分幼虫于9月底～10月初老熟结茧越冬，10月中、下旬还可见个别幼虫活动。如果夏天气温过高，气候过于干燥，则有部分第1代老熟幼虫在茧内滞育，到6月再进行羽化，出现一年1代的现象。

成虫白天在树荫、草丛中停息，初孵幼虫能取食卵壳。4龄以前，幼虫取食叶肉，留下透明表皮，以后可咬穿叶片形成孔洞或缺刻；4龄以后，多沿叶缘蚕食叶片，仅残留主脉；老熟后，沿树干爬下或直接坠下，然后寻找适宜的场所结茧化蛹或越冬。

4.防治妙招

（1）结合冬季修剪，如果发现枝干上越冬茧，要及时采集，并集中销毁。

（2）冬季土壤深翻，挖除土壤中越冬茧，清除干基周围表土等处越冬茧，集中烧毁。

（3）低龄幼虫喜群集为害，结合桃园田间作业，及时剪除群集在一起的低龄幼虫，集中销毁。

（4）大部分刺蛾成虫有较强的趋光性，可在成虫羽化期，在晚上19～21时用灯光进行诱杀。

（5）药剂防治　低龄期及时喷施8000国际单位/毫克苏云金杆菌可湿性粉剂1000倍液，或25%灭幼脲悬浮剂2000倍液，或45%氯氟氰菊酯乳油3000倍液，或20%氰戊菊酯乳油3000倍液，或10%联苯菊酯乳油4000～5000倍液。

十四、桃天蛾

也叫桃六点天蛾、桃雀蛾、枣天蛾、枣豆虫、独角龙，属鳞翅目，天蛾科害虫。在国内各个桃产区都很常见，但一般种群密度相对不高；主要分布在辽宁、内蒙古、山西、河北、山东、江苏、浙江、江西、福建、四川等地；为害桃、杏、李、枣、樱桃、苹果、梨、葡萄、枇杷等。

1.症状与快速鉴别

幼虫食叶且食叶量大，常仅残留粗脉和叶柄。

2.形态特征

（1）成虫 触角枯黄，前翅黄褐色，外线、中线及内线棕褐色，端线色较深，与亚端线之间有棕色区，后角有相连结的棕黑色斑两块；前翅反面基部至中室呈粉红色，外线与亚端线之间黄褐色；后翅枯黄略带粉红色，翅脉褐色，后角有黑色斑；后翅反面粉红色，各线棕褐，后角色深（图3-23）。

（2）卵 呈馒头形，初产时翠绿色，透明，有光泽；孵化时为深绿色。

（3）幼虫 体绿色，横褶上着生黄白色颗粒；1龄幼虫头近似圆形（图3-23）。

（4）蛹 黑褐色，腹末端有短刺。

图3-23 桃天蛾成虫、幼虫

3. 生活习性及发生规律

东北一年发生1代，河北、山东、河南2代，江西3代，均以蛹在土中越冬。成虫昼伏夜出，黄昏开始活动，有趋光性；老熟幼虫多在树冠下疏松的土内化蛹。

4. 防治妙招

（1）冬季翻耕树盘挖蛹，将在土中越冬的蛹翻至土表，使其被鸟类啄食，或晒干。

（2）幼虫发生期，发现有幼虫为害时，应仔细检查被害叶周围的枝叶上有无幼虫，发现害虫时，应及时消灭。

（3）药剂防治　3龄幼虫达到3～5头/平方米时，用2.5%溴氰菊酯乳油2000～2500倍液，或20%氰戊菊酯乳油2000～3000倍液，或45%氯氟氰菊酯乳油1500～2000倍液，均匀喷雾，防治效果较好。

十五、桃白条紫斑螟

也叫桃白纹卷叶螟，属鳞翅目，螟蛾科害虫。目前在国内河北、山西省有所发生。为害桃、杏、李。

1. 症状与快速鉴别

幼虫食叶，初龄啮食下表皮和叶肉，稍大在梢端吐丝拉网缀叶成巢，常数头至10余头群集巢内食叶，呈缺刻或孔洞；随着虫龄的增长，虫巢扩大，叶柄被咬断者呈枯叶于巢内，丝网上黏附许多虫粪（图3-24）。

2. 形态特征

（1）成虫　体灰至暗灰色，各腹节后缘淡黄褐色；触角呈丝状，雄鞭节基部有暗灰至黑色长毛丛，略呈球形；前翅暗紫色，基部2/5处有1条白横带，有的个体前缘基部至白带也为白色；后翅灰色外缘色暗。

（2）卵　扁长椭圆形，初为淡黄，逐渐变为淡紫红色。

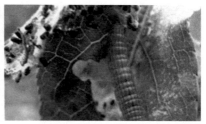

图3-24　桃白条紫斑螟幼虫及为害症状

（3）**幼虫**　头灰绿色，有黑斑纹，体多为紫褐色，前胸盾灰绿色，背线宽，黑褐色；两侧各具2条淡黄色云状纵线，故体侧各呈3条紫褐纵线，臀板暗褐或紫黑色。低、中龄幼虫多为淡绿至绿色，头部有浅褐色云状纹，背线宽，深绿色，两侧各有2条黄绿色纵线。

（4）**蛹**　头胸和翅芽翠绿色，腹部黄褐色，背线深绿色，尾节背面呈三角形凸起，暗褐色，臀棘6根。

（5）**茧**　纺锤形，丝质，灰褐色。

3.生活习性及发生规律

每年发生2～3代，在树冠下表土中结茧化蛹越冬，少数在树皮缝和树洞中越冬，越冬代成虫发生期在5月上旬～6月中旬，第一代成虫发生期在7月上旬～8月上旬。第一代幼虫于5月下旬开始孵化，6月下旬开始老熟入土结茧化蛹，蛹期约15天。第二代卵期10～13天，7月中旬开始孵化，8月中旬开始老熟入土结茧化蛹越冬。

前期由于防治蚜虫、食心虫喷药，田间很少见到桃白条紫斑螟为害；早熟桃采收以后，为害逐渐加重，幼虫发生期很不整齐，在1个梢上可见到多龄态幼虫共生；幼虫老熟后入土结茧化蛹。

4.防治妙招

（1）春季越冬幼虫羽化前，耕翻树盘，消灭越冬蛹。

（2）结合修剪，剪除虫巢，集中烧掉或深埋。

（3）药剂防治　幼虫发生期，喷药防治。可用25%灭幼脲悬浮剂2000倍液，或20%甲氰菊酯乳油2000~3000倍液，或25%溴氰菊酯乳油2000~3000倍液，或10%联苯菊酯乳油4000~5000倍液，或4000国际单位/毫克苏云金杆菌悬乳剂3000倍液，进行喷雾防治，可控制虫害的发生。

十六、桃小食心虫

也叫桃蛀果蛾、桃蛀虫、桃小食蛾、桃姬食心虫、桃小，属鳞翅目，蛀果蛾科蛀果害虫。为害桃、苹果、梨、枣、李、杏、山楂、酸枣，以及海棠、花红、槟子、榅桲、木瓜等。在没有套袋的果园，受害严重。

1.症状与快速鉴别

以幼虫为害果实，果实变为畸形，果内虫道纵横，并充满大量虫粪，完全失去食用价值（图3-25）。

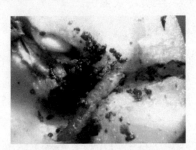

图3-25　桃小食心虫为害症状

2.形态特征

（1）成虫　雌虫体长7~8毫米，翅展16~18毫米；雄虫体长5~6毫米，翅展13~15毫米，全体白灰至灰褐色，复眼红褐色；雌虫唇须较长，向前直伸；雄虫唇须较短，并向上翘；前翅中部近前缘处，有近似三角形蓝灰色大斑，近基部和中部，有7~8簇黄褐色或蓝褐色斜立的鳞片（图3-26）。

（2）**卵** 椭圆形或桶形，初产时，橙红色，渐变为深红色，近孵化时，顶部显现幼虫黑色头壳，呈黑点状；卵顶部环生2～3圈"Y"状刺毛，卵壳表面具不规则多角形网状刻纹。

（3）**幼虫** 体长13～16毫米，桃红色，腹部色淡，头黄褐色，前胸盾黄褐至深褐色，臀板黄褐或粉红色，无臀栉（图3-26）。

（4）**蛹** 长6.5～8.6毫米，刚化蛹时，黄白色，近羽化时，灰黑色；翅、足和触角端部游离，蛹壁光滑无刺（图3-26）。

（5）**茧** 分冬、夏两型。冬茧扁圆形，直径6毫米，长2～3毫米，茧丝紧密，包被老龄休眠幼虫；夏茧长纺锤形，长7.8～13毫米，茧丝松散，包被蛹体，一端有羽化孔。两种茧外表粘着土砂粒。

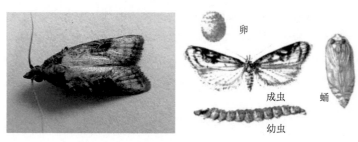

图3-26 桃小食心虫成虫、卵、幼虫及蛹

3.生活习性及发生规律

辽宁、河北、山西和陕西一年发生2代，山东、江苏和河南一年发生3代。在辽宁，越冬幼虫一般于5月上旬破茧出土，出土期延续到7月中旬，盛期集中在6月；出土后，在地面作夏茧化蛹，蛹期约半个月。6月上旬出现越冬成虫，一直延续到7月中下旬，发生盛期在6月下旬～7月上旬。

成虫白天在树上枝叶背面和树下杂草等处趴伏，日落后活动，前半夜比较活跃，后半夜0～3时交尾，交尾后1～2天，开始产卵，卵多产于果实萼洼处，每雌虫平均产卵44粒，多的可达110粒；卵期一般7～8天；第一代卵发生在6月中旬～8月上旬，盛期为6月下旬～7

月中旬。初孵幼虫有趋光性，集中在果面亮处爬行，寻觅适宜部位蛀入果内；随着果实生长，蛀入孔愈合成一个小黑点，孔周围果面稍凹陷；多个害虫为害果实，则发育成凹凸不正的畸形果。幼虫在果内蛀食20～24天，老龄后，从里向外咬1个较大的脱果孔，然后爬出落地，一部分入土作茧越冬，另一部分在地面隐蔽结茧化蛹，蛹经过12天羽化，在果萼洼处产卵，发生第二代；第二代卵在7月下旬～9月上中旬发生，盛期为8月上中旬，幼虫孵出后，蛀果为害约25天，于8月下旬从果内脱出，在树下土中作冬茧，滞育越冬。

4.防治妙招

（1）**农业防治** 在越冬幼虫出土前，将树根颈基部土壤扒开13～16厘米，刮除贴附表皮的越冬茧。在第一代幼虫脱果时，结合压绿肥，进行树盘培土压夏茧；在幼虫蛀果为害期间（幼虫脱果前），在果园巡回检查，摘除虫果，并杀灭果内幼虫，每10天摘1次虫果，可有效控制该虫的发生量。

（2）**套袋保护** 在成虫产卵前，对果实进行套袋保护，在套袋果园，该虫一般不会成灾。

（3）**诱杀** 田间安置黑光灯或利用桃小食心虫性诱剂，诱杀成虫；或覆盖地膜，在春季对树干周围半径1米以内的地面覆盖地膜，能控制幼虫出土、化蛹和成虫羽化挖茧或扬土灭茧。

（4）**生物防治** 施寄生线虫60万～80万条/平方米，杀虫效果良好。

（5）**药剂防治** 常用药剂有5%顺式氰戊菊酯（来福灵）乳油2000倍液，或10%氯氰菊酯乳油3000倍液，或2.5%溴氰菊酯乳油3000倍液，或20%甲氰菊酯（灭扫利）乳油3000倍液，或2.5%氟氯菊酯（天王星）乳油1500倍液，或青虫菌6号、灭幼脲3号500～1000倍液，均可控制害虫为害。

十七、桃蛀螟

属鳞翅目，螟蛾科害虫。全国各地均有分布，长江以南为害桃果特别严重。可为害桃、柿、核桃、板栗、松树、无花果、向日葵、蓖麻、姜、棉花、高粱、玉米等。

1.症状与快速鉴别

以幼虫蛀食果内为害，为害桃果时，从果柄基部入果核，蛀孔处常流出黄褐色透明黏胶，周围堆积有大量红褐色虫粪，果实易腐烂（图3-27）。

图3-27　桃蛀螟为害果实症状

2.形态特征

（1）成虫　全体鲜黄色，前翅有25～28个黑斑，后翅10～15个（图3-28）。

（2）卵　椭圆形，稍扁平，初产时，乳白色，后由黄变为红褐色，表面具密而细小的圆形刺点；卵面布满网状花纹。

（3）幼虫　体色多变，有淡褐、浅灰、暗红等颜色，腹面多为淡绿色，体表有许多黑褐色突起；老熟幼虫体背多呈暗紫红、淡灰褐、淡灰蓝等颜色（图3-28）。

（4）蛹　纺锤形，初为淡黄色，后变为褐色。

（5）茧　灰褐色。

图3-28 桃蛀螟成虫、幼虫

3.生活习性及发生规律

在华北地区一年发生2～3代，长江流域4～5代。以末代老熟幼虫在高粱、玉米、蓖麻残株及向日葵花盘和仓库缝隙中越冬。华北地区越冬代幼虫4月开始化蛹，5月上中旬羽化。第一代幼虫主要为害果树，第一代成虫及产卵盛期在7月上旬；第二代幼虫7月中旬为害春高粱；8月中下旬是第三代幼虫发生期，集中为害夏高粱，是夏高粱受害最重时期；9～10月第四代幼虫为害晚播夏高粱和晚熟向日葵；10月中下旬以老熟幼虫越冬。长江流域第二代为害玉米茎秆。成虫喜在枝叶茂密的桃树果实表面上产卵，两果相连处产卵较多。幼虫孵化后，在果面上作短距离爬行，便蛀入果肉，并有转果为害习性。成虫白天伏于树冠内膛或叶背，夜间活动，对黑光灯有强烈趋性。成虫趋化性较强，对花蜜、糖醋液有趋性。羽化后的成虫必须取食、补充营养才能产卵，主要取食花蜜。卵多单粒散产在寄主的花、穗或果实上，卵期4～8天；初孵幼虫即钻入花、果及穗中为害，3龄后拉网缀穗，将高粱、玉米内部籽粒吃空。

4.防治妙招

（1）冬季清除玉米、向日葵、高粱、蓖麻等遗株及秸秆；在4月份前期，冬季或早春刮除桃树老翘皮，清除越冬茧。

（2）桃果实套袋，早熟品种在套袋前，结合防治其他病虫害喷药1次，以消灭早期桃蛀螟所产的卵。

（3）生长季及时摘除被害果，集中处理；秋季采果前，在树干上绑草把，诱集越冬幼虫，集中杀灭。

（4）药剂防治　第一、二代成虫产卵高峰期和幼虫孵化期，是防治桃蛀螟的关键时期。可用20%灭多威乳油1500～2000倍液，或75%硫双威可湿性粉剂1000～2000倍液，或50%仲丁威可溶性粉剂1000倍液，或25%甲萘威可湿性粉剂400倍液，或20%丙硫克百威乳油3000～4000倍液，或25%杀虫双水剂200～300倍液，或2.5%氯氟氰菊酯水乳剂4000～5000倍液，或2.5%高效氯氟氰菊酯水乳剂4000～5000倍液，或10%氯氰菊酯乳油1000～1500倍液，或4.5%高效氯氰菊酯乳油1000～2000倍液，或20%氰戊菊酯乳油2000～4000倍液，或5.7%氟氯氰菊酯乳油1500～2500倍液，或20%甲氰菊酯乳油2000～3000倍液，或10%联苯菊酯乳油3000～4000倍液，或25%灭幼脲悬浮剂750～1500倍液，或5%氟苯脲乳油800～1500倍液，或5%氟啶脲乳油1000～2000倍液，或5%氟铃脲乳油1000～2000倍液，或5%氟虫脲乳油800～1000倍液，或1.8%阿维菌素乳油2000～4000倍液，主要保护桃果，间隔7～10天，喷药1次。

十八、桃象甲

也叫桃象鼻虫、桃虎。全国各地均有分布。主要为害桃，也可为害李、杏、梅等。

1.症状与快速鉴别

成虫食芽、嫩枝、花、果实；产卵时，先咬伤果柄，造成果实脱落；幼虫孵化后，在果内蛀食（图3-29）。

2.形态特征

（1）成虫　体长7～8毫米，紫红色，有金属光泽；触角生于头管中部，头背面有细小横皱，前胸背面有不甚明显的小字形凹纹；鞘翅密被刻点，灰白色和褐色细毛（图3-30）。

图3-29　桃象甲为害症状

图3-30　桃象甲成虫

（2）**卵**　长1毫米，椭圆形，乳白色。

（3）**幼虫**　老熟时，长约10毫米，乳白色至淡黄白色，体变弯曲有皱纹；头部淡褐色，前胸盾及气门淡黄褐色；各腹节后半部生有1横列刚毛。

（4）**蛹**　体长约6毫米，椭圆形，密生细毛，初为乳白色，后变为黄褐色。

3.生活习性及发生规律

一年发生1代，主要以成虫在土中越冬，也有的以幼虫越冬。翌年春季桃树发芽时，开始出土上树为害，成虫出现期很长，可长达5个月，产卵期历经3个月。因此，早期各虫态发生很不整齐，3~6月是主要为害期，以4月初幼果期成虫盛发后为害最为严重，落果最多。

4.防治妙招

（1）**捕捉成虫**　利用成虫假死性，在清晨露水未干时，树下铺布单，摇动树枝，成虫受惊后坠落，然后集中处理；雨后成虫出现最多，效果很好。

（2）**清除虫果** 勤拾落果，摘除树上的蛀果，进行沤肥或浸泡在水中，可消灭尚未脱果的幼虫。

（3）**喷药防治** 在4月成虫盛发期，喷90%敌百虫1000倍液，或80%敌敌畏1000倍液。

（4）**地面撒药** 春季成虫出土前，在果园树下撒施50%的西维因粉，或在成虫出土盛期，地面树冠下喷洒25%辛硫磷胶囊剂100倍液。

十九、桃茶翅蝽

也叫臭蝽象、臭板虫、臭妮子等，属半翅目，蝽象科害虫。分布区域相对广泛，在国内东北、华北、华东和西北地区均有分布。以成虫和若虫为害桃、杏、李、梨、苹果等果树及部分林木和农作物；近年来，为害日趋严重。

1.症状与快速鉴别

以成虫和若虫吸食嫩叶、嫩梢和果实的汁液；果实被害后，呈凹凸不平的畸形果；近成熟时的果实被害后，受害处果肉变空，木栓化。

2.形态特征

（1）**成虫** 扁椭圆形，灰褐色，略带紫红色；前翅革质有黑褐色刻点（图3-31）。

（2）**卵** 呈扁鼓形，初为灰白色，孵化前为黑褐色（图3-31）。

（3）**若虫** 无翅，前胸背两侧各有刺突，腹部各节背部有黑斑，两侧各有1个黑斑，共8对（图3-31）。

3.生活习性及发生规律

华北地区每年发生1代，华南每年发生2代。以成虫在墙缝、屋檐下、石缝里越冬，有的潜入室内越冬。在北方，5月份开始活动，迁飞到果园取食为害。成虫白天活动，交尾并产卵，常产卵于叶片背

图3-31 桃茶翅蝽成虫、卵及若虫

面，每雌虫可产卵55～82粒，卵期6～9天。6月上旬，田间出现大量初孵若虫，小若虫先群集在卵壳周围，呈环状排列；2龄以后，渐渐扩散到附近的果实上取食为害，田间的畸形桃主要为若虫为害所致，新羽化的成虫继续为害直至果实采收；9月中旬，当年成虫开始寻找适宜的场所越冬，到10月上旬达到高峰。上年越冬成虫在6月上旬以前产卵，到8月初以前羽化为成虫，可继续产卵，经过若虫阶段，再羽化为成虫越冬。

4.防治妙招

（1）**人工摘除** 结合其他管理措施，随时摘除卵块，及时捕杀初孵若虫。

（2）**药剂防治** 在第一代若虫发生期，结合其他害虫的防治，喷施25%氯氟氰菊酯水乳剂3000～4000倍液，或25%高效氯氟氰菊酯水乳剂3000～4000倍液，或25%溴氰菊酯乳油3000～5000倍液，或20%氰戊菊酯乳油1000～2000倍液，或20%甲氰菊酯乳油1500～2000倍液，或25%氯氰菊酯乳油1500～2000倍液，间隔10～15天，喷1次，连喷2～3次，均能取得较好的防治效果。

（3）**保护天敌**　主要天敌为茶翅蝽沟卵蜂，注意保护和利用。

二十、桃红颈天牛

属鞘翅目，天牛科害虫。在国内各桃产区都有出现，主要为害桃、杏、李、梅、樱桃等，近年来，有逐年加重的趋势，应引起注意。

1.症状与快速鉴别

幼虫为害主干或主枝基部皮下的形成层和木质部浅层部分，造成树干中空，皮层脱离，虫道弯弯曲曲，塞满粪便，有的也从排粪孔排出大量粪便，排粪处也有流胶现象，造成树势衰弱，枝干死亡（图3-32）。

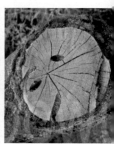

图3-32　桃红颈天牛为害症状

2.形态特征

（1）**成虫**　雌成虫全体黑色，有亮光，颈部红色，腹部黑色有绒毛，头、触角及足黑色，前胸背棕红色；前胸背板前缘与后缘各生有1对小突起，两侧有大型突起。雄成虫体小而瘦（图3-33）。

（2）**卵**　长椭圆形，乳白色。

（3）**幼虫**　老熟幼虫乳白色，前胸较宽广，体两侧密生黄棕色细毛（图3-33）。

（4）**蛹**　初为乳白色，后渐变为黄褐色。

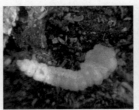

图3-33 桃红颈天牛成虫及幼虫

3.生活习性及发生规律

华北地区2~3年发生1代，以幼虫在树干蛀道内越冬。翌年3~4月间恢复活动，在皮层下和木质部钻不规则的隧道，成虫于5~8月间出现。各地成虫出现期自南向北依次推迟：福建和南方各省于5月下旬成虫大量出现；湖北于6月上中旬成虫出现最多，成虫终见期在7月上旬；河北成虫于7月上中旬大量出现；山东成虫于7月上旬~8月中旬出现；北京7月中旬~8月中旬为成虫出现盛期。

4.防治妙招

（1）捕捉成虫　6~7月间，成虫发生盛期，可进行人工捕捉。捕捉的最佳时间有两个：一是早晨6时以前，二是大雨过后太阳出来时。用绑有铁钩的长竹竿，钩住树枝，用力摇动，害虫便纷纷落地，逐一进行捕捉；人工捕捉速度快，效果好，省工省药，不污染环境。天牛蛹羽化后，成虫出现期在6~7月。成虫活动期间，可在中午到下午3时前，利用成虫有午间静息枝条的习性，组织人员在果园进行人工捕捉，可取得较好的防治效果；特别是在雨后晴天，成虫最多。利用成虫在早熟桃补充营养的习性，也可利用早熟烂桃进行诱捕。

（2）树干涂白　在4~5月间，即在成虫羽化之前，可在树干和主枝上涂刷"白涂剂"。将树皮裂缝空隙涂实，防止成虫产卵。利用桃红颈天牛惧怕白色的习性，在成虫发生前，对桃树主干及主枝进行涂白，使成虫不敢停留在主干与主枝上产卵，涂白剂可用生石灰、硫黄、水按10∶1∶40的比例进行配制。也可用当年的石硫合剂的沉淀物涂刷枝干。

（3）**刺杀幼虫**　9月前孵化出的桃红颈天牛幼虫即在树皮下蛀食，这时可在主干与主枝上寻找细小的红褐色虫粪，一旦发现虫粪，即用锋利的小刀划开树皮将幼虫杀死。也可在翌年春季检查枝干，一旦发现枝干有红褐色锯末状虫粪，即用锋利的小刀，将在木质部中的幼虫挖出杀死。

（4）**药剂防治**　在成虫产卵盛期至幼虫孵化期，可用75%硫双威可湿性粉剂1000～2000倍液，或2.5%氯氟氰菊酯乳油1000～3000倍液，或10%高效氯氰菊酯乳油1000～2000倍液，或10%醚菊酯悬浮剂800～1500倍液，或5%氟苯脲乳油800～1500倍液，或20%虫酰肼悬浮剂1000～1500倍液，或15%吡虫啉微囊悬浮剂3000～4000倍液，均匀喷洒离地面1.5米范围内的主干和主枝，10天后，再重喷1次，杀灭初孵幼虫，效果显著。

二十一、桃小蠹

也叫多毛小蠹，属鞘翅目，小蠹甲科害虫。主要活动在河南、山西、陕西、河北等，在河北部分桃产区为害严重，主要为害桃、杏等核果类果树。

1.症状与快速鉴别

以成、幼虫蛀食枝干韧皮部和木质部，在其间蛀道，常造成枝干枯死或整株死亡（图3-34）。

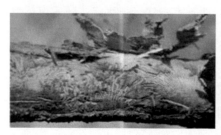

图3-34　桃小蠹为害枝干症状

2.形态特征

（1）**成虫** 体黑色，鞘翅暗褐色，有光泽；触角锤状；体密布细刻点，鞘翅上有纵刻点列，较浅，沟间有稀疏竖立的黄色刚毛列（图3-35）。

（2）**卵** 乳白色、圆形。

（3）**幼虫** 乳白色，肥胖，无足（图3-35）。

（4）**蛹** 长与成虫相似，初为乳白色，以后颜色逐渐变深。

图3-35 桃小蠹成虫及幼虫

3.生活习性及发生规律

一年发生1代，以幼虫在坑道内越冬。翌春老熟幼虫于坑道端蛀圆筒形蛹室化蛹，羽化后，咬圆形羽化孔爬出；6月间成虫出现，秋后以幼虫在坑道端越冬。成虫有假死性，迁飞性不强，就近在半枯枝或幼龄桃树嫁接未愈合部产卵。孵化后的幼虫，分别在母坑道两侧横向蛀子坑道，略呈"非"字形，初期互不相扰近于平行，随着虫体增长，坑道弯曲，混乱交错。

4.防治妙招

（1）**加强果园管理，增强树势，可减少害虫为害** 结合修剪，彻底剪除有虫枝和衰弱枝，集中处理，效果很好。

（2）**药剂防治** 在成虫产卵前，可用75%硫双威可湿性粉剂1000～

2000倍液，或25%氯氟氰菊酯乳油1000~3000倍液，或10%高效氯氰菊酯乳油1000~2000倍液，或10%醚菊酯悬浮剂800~1500倍液，或5%氟苯脲乳油800~1500倍液，或20%虫酰肼悬浮剂1000~1500倍液，进行树冠喷洒，毒杀成虫，效果良好，间隔15天喷1次，喷2~3次即可。

二十二、桃桑白蚧

也叫桑盾蚧、桃介壳虫，属同翅目，盾蚧科害虫。其活动区域遍及全国，是一种为害最为常见的重要害虫，若不进行有效防治，3~5年内可将全园毁灭。除为害桃、李外，还可为害梅、杏、桑、茶、柿、枇杷、无花果、杨、柳、丁香、苦楝等多种果树及林木。

1.症状与快速鉴别

以若虫和成虫群集于主干、枝条上，以口针刺入皮层吸食汁液，也有在叶脉或叶柄、芽的两侧寄生，造成叶片提早硬化（图3-36）。

图3-36　桃桑白蚧为害症状

2.形态特征

（1）成虫　雌成虫蚧壳白或灰白，近扁圆，背面隆起，略似扁圆锥形；壳顶点黄褐色，壳有螺纹，壳下虫体为橘黄色或橙黄色，扁椭圆形；雄虫若虫阶段有蜡质壳，白色或灰白色，狭长，羽化后的虫体橙黄色或粉红色，翅1对，膜质（图3-37）。

（2）**若虫** 初孵若虫淡黄色，体长椭圆形，扁平。

（3）**卵** 长椭圆形，初产时粉红色，近孵化时，变为橘红色。

（4）**蛹** 雄虫有蛹阶段，为裸蛹，橙黄色。

图3-37 桃桑白蚧

3.生活习性及发生规律

由北向南，一年发生代数递增，华北地区每年发生2代，黄河流域2代，长江流域3代，海南、广东为5代，均以受精雌虫在枝干上越冬。4月下旬开始产卵，卵产于蚧壳下，产卵后，雌虫干缩而死，呈紫黑色。产卵期长短与气温高低成反比。初孵若虫活跃，喜爬行，5～11小时后，固定吸食，不久即分泌蜡质，盖于体背，逐渐形成蚧壳。若虫5月初开始孵化，自母体蚧壳下爬出后，在枝干上到处乱爬，几天后找到适当位置即固定不动，并开始分泌蜡丝，蜕皮后形成蚧壳，将口器刺入树皮下吸食汁液。雌若虫经过3次蜕皮后，变为无翅成虫，在蚧壳下吸食不动。6月中旬成虫羽化，6月下旬产卵，第二代雌成虫发生在9月间，交配受精后，在枝干上越冬。雄若虫2次蜕皮后，化蛹，在枝干上密集成片。

低洼地，地下水位高，密植郁闭多湿的小气候，有利于害虫的发生；枝条徒长、管理粗放的桃园，虫害发生严重。

4.防治妙招

（1）**做好冬季清园** 结合修剪，剪除受害枝条，刮除枝干上的越冬雌成虫，并喷1次3波美度的石硫合剂，消灭越冬虫源，减少翌年为害。

（2）**药剂防治** 抓住第一代若蚧发生盛期，趁着虫体未分泌蜡质时，用硬毛刷或细钢丝刷刷掉枝干上的若虫，剪除受害严重的枝条；然后再喷洒3～5波美度的石硫合剂，或95%的矿物油乳油200倍液。

在各代若虫孵化高峰期，尚未分泌蜡粉蚧壳前，是药剂防治的关键时期。可用3%苯氧威乳油1000～1500倍液，或25%速灭威可湿性粉剂600～800倍液，或50%甲萘威可湿性粉剂800～1000倍液，或2.5%氯氟氰菊酯乳油1000～2000倍液，或45%高效氯氰菊酯乳油2000～2500倍液，或20%氰戊菊酯乳油1000～2000倍液，或20%甲氰菊酯乳油2000～3000倍液，或2.5%氟氯氰菊酯乳油2500～3000倍液，或10%吡虫啉可湿性粉剂1500～2000倍液等，均匀喷雾。

提示 在药剂中加入0.2%的中性洗衣粉，可提高防治效果。

或在蚧壳形成初期，用25%噻嗪酮可湿性粉剂1000～1500倍液，或45%松脂酸钠可溶性粉剂80～120倍液，或95%机油乳油200倍液喷雾，防治效果显著。

二十三、桃朝鲜球坚蚧

也叫桃球坚蚧、朝鲜球蚧、朝鲜球坚蜡蚧、朝鲜毛球蚧、杏球坚蚧、杏毛球坚蚧等，属同翅目，蜡蚧科害虫。全国各地均有分布。为害桃、杏、李、樱桃、山楂、苹果、梨、椴梓等多种果树。

1.症状与快速鉴别

以若虫和雌成虫聚集在枝干上吸食汁液，被害枝条发育不良，出现流胶，树势严重衰弱，树体不能正常生长和花芽分化，严重时枝条干枯。一经发生，常在1～2年内，即可蔓延全园，如果防治不力，会使整株死亡（图3-38）。

图3-38 桃朝鲜球坚蚧为害症状

2.形态特征

（1）**成虫** 雌成虫蚧壳近半球形，暗红褐色，壳尾端略突出，并有一纵裂缝，表面覆有薄层蜡质，略呈光泽，背面有凹下小点，排列不整齐。雄成虫蚧壳长扁圆形，白色，两侧有两条纵斑纹，蚧壳末端为钳状，并有褐色斑点2个；虫体淡粉红色或淡棕色，胸部赤褐色，口器退化，有前翅1对，细长，半透明，前缘淡红，翅面有细微刻点（图3-39）。

（2）**卵** 长椭圆形，半透明，腹面向内弯，背面略隆起；初产时为白色，后渐变为粉红色，近孵化时，在卵的前端呈现红色眼点。

（3）**若虫** 初孵若虫长椭圆形，扁平，淡褐色至粉红色，被白粉。

（4）**蛹** 赤褐色，雄虫有蛹期，裸蛹，长扁圆形，足及翅芽为淡褐色。

（5）**茧** 长椭圆形，灰白色，半透明，扁平，背面略拱，有2条纵沟及数条横脊，末端有1横缝。

3.生活习性及发生规律

一年发生1代，以2龄若虫固着在枝条上越冬，外覆有蜡被。翌年3月上、中旬开始活动，另找地点固着，群居在枝条上取食，不久便逐渐分化为雌、雄性。雌性若虫在3月下旬又蜕皮1次，体背逐渐变大，呈球形。雄性若虫在于4月上旬分泌白色蜡质，形成蚧壳，再蜕皮化蛹其中，4月中旬开始羽化为成虫。4月下旬～5月上旬，雌、雄成虫羽化并交配，交配后的雌虫体迅速膨大，逐渐硬化，5月上旬开始产卵，

图3-39　桃朝鲜球坚蚧成虫

5月中旬为若虫孵化盛期。初孵若虫爬行，寻找适当场所，以枝条裂缝处和枝条基部叶痕中较多。6月中旬后，丝状蜡质物经过高温作用，又逐渐溶化，形成白色蜡层，包在虫体四周，此时发育缓慢，雌雄难以分辨。越冬前蜕皮1次，蜕皮在2龄若虫体下包裹，到12月份开始越冬。雌虫能进行孤雌生殖。全年4月下旬～5月上中旬为害最重。

4.防治妙招

（1）**人工防治**　冬春季节，结合冬剪，剪除有虫枝条，并集中烧毁；也可在3月上旬～4月下旬，即越冬幼虫从白色蜡壳中爬出后，到雌虫产卵而未孵化时，用草团或乱布等，擦除越冬雌虫，并注意保护天敌。

（2）**药剂防治**　对人工防治剩余的雌虫，需抓住两个关键时期，进行有效防治。

① 早春防治　在桃树发芽前，结合防治其他病虫，先喷1次5波美度的石硫合剂，或50%噻嗪酮可湿性粉剂1000倍液，然后在果树萌芽后至花蕾露白期间，即越冬幼虫从蜡壳爬出约40%并转移时，再喷1次2.5%溴氰菊酯乳油1500～2000倍液等，喷药最迟在雌壳变硬前进行。

② 若虫孵化期防治　在6月上中旬，连续喷药2次，第一次在约30%孵化出时，第二次与第一次间隔1周。可用20%甲氰菊酯乳油

1000倍液，或25%溴氰菊酯乳油1000～1500倍液，防治效果均较好。

> **提示** 如果在上述药剂中，混加1%的中性洗衣粉，可提高防治效果。

二十四、桃大青叶蝉

也叫青叶蝉、青跳蝉、青叶跳蝉、大绿浮尘子、青头虫等，属同翅目，叶蝉科。全国各地普遍发生，食性杂，寄主广泛，包括桃、苹果、核桃、梨、杨、柳、白蜡、刺槐、桧柏、梧桐、扁柏、谷子、玉米、水稻、大豆、马铃薯等160多种植物。

1.症状与快速鉴别

以成虫和若虫为害作物叶片，以刺吸式口器刺吸植物汁液，造成褪色、畸形、卷缩；严重时，全叶或整株枯死（图3-40）；此外，可传播病毒病。

大青叶蝉对核桃树的为害主要是产卵造成的，是苗木和定植幼树的大敌；受害重的苗木或幼树的枝条逐渐干枯，严重时，可全株死亡。

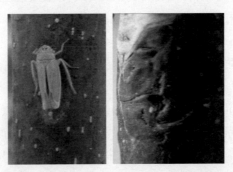

图3-40　大青叶蝉为害症状

2.形态特征

（1）成虫　雌虫体长9.4～10.1毫米，头宽2.4～2.7毫米；雄虫体长7.2～8.3毫米，头宽2.3～2.5毫米；身体黄绿色，头橙黄色，复眼黑褐色，有光泽；头部背面具单眼2个，两单眼之间有多边形黑斑点；前胸背板前缘黄绿色，其余为绿色；前翅绿色并有青蓝色光泽，末端灰白色，半透明，后翅及腹背面烟黑，半透明；腹部两侧、腹面及胸足橙黄色；前、中足的附爪及后足腔节内侧有黑色细纹，后足排状刺的基部为黑色（图3-41）。

图3-41 大青叶蝉成虫

（2）卵 长卵圆形，长约1.6毫米，宽0.4毫米，乳白色，中间微弯曲，一端稍细，表面光滑；近孵化时，变为黄白色；约10粒排列成卵块。

（3）若虫 初孵化时白色，微带黄绿，头大腹小，复眼红色；2～6小时后，体色渐变淡黄、浅灰或灰黑色；3龄后黄绿色，体背面有褐色纵条纹，出现翅芽；老熟若虫体长6～7毫米，头冠部有2个黑斑，胸背及两侧有4条褐色纵纹直达腹端，似成虫，仅翅未完成发育。

3.生活习性及发生规律

一年发生3代，以卵在树干、枝条或幼树树干的表皮下越冬。翌年4月孵化出若虫。若虫近孵化时，卵的顶端常露在产卵痕外。孵化时间均在早晨，以7:30～8:00为孵化高峰。越冬卵的孵化与温度关系密切，孵化较早的卵块，多在树干的东南向。若虫孵出后，约经1小时开始取食，1天以后，跳跃能力渐渐强大，转移到附近的作物及杂草上群集刺吸为害。在寄主叶面或嫩茎上常见10多个或20多个若虫群聚为害，偶然受惊，便斜行或横行，由叶面向叶背逃避，如惊动太大，便跳跃而逃；一般早晨，气温较冷或潮湿时，不很活跃；午前到黄昏时，较为活跃。若虫爬行一般均由下往上，多沿树木枝干上行，极少下行。若虫孵出3天后，大多由原来产卵寄主植物上移到矮小的寄主（如禾本科农作物）上为害。第一代若虫期43.9天，并在这些寄主上繁殖2代，第二、三代若虫平均为24天。5～6月出现第一代成虫，7～8月出现第二代成虫，第三代成虫于9月出现，仍为害上述寄主，在大田秋收后，即转移到绿色多汁蔬菜或晚秋作物上；到10月中旬，成虫开始迁往核桃等果树上产卵，10月下旬为产卵盛期，并以卵态越冬。成、若虫喜栖息在潮湿背风处，往往在嫩绿植物上群集为害，有较强的趋光性。

4.防治妙招

（1）在成虫发生期，可利用其趋光性用黑灯光诱杀。夏季灯火诱杀第二代成虫，减少第三代的发生，可以大量消灭成虫。成虫早晨不活跃，可以在露水未干时进行网捕。

（2）在成虫产越冬卵前，幼树树干涂白，可阻止成虫产卵。在幼树主干或主枝上缠纸条，也可阻止成虫产卵。

（3）对于卵量较大的植株，特别是幼树，可组织人力用小木棍将树干上的卵块压死。

（4）在9月底～10月初收获庄稼时或约10月中旬，当雌成虫转移至树木产卵，以及4月中旬越冬卵孵化、幼龄若虫转移到矮小植物上时，虫口集中，可喷洒80%敌敌畏乳剂1000倍液，或25%喹硫磷乳剂1000倍液，或20%叶蝉散乳剂1000倍液，90%敌百虫晶体1000倍液、50%辛硫磷乳油1000倍液喷杀；必要时，可喷洒2.5%保得乳油2000～3000倍液、10%大功臣（吡虫啉）可湿性粉剂3000～4000倍液。

第四章
桃树病虫害无公害综合防治

一、桃树病虫害综合防治方法

1.植物检疫

植物检疫是从源头防治病虫害的有效方法之一。主要包括培育无病虫种苗，将地区性高危病虫害消灭或是控制在地区一定范围内；还包括进行种苗产地检验、消毒等具体工作。能够有效地控制病虫害的蔓延传播，实现安全引种的目的，是防治检疫性病虫害传播为害的关键措施之一。

2.农业防治

农业防治主要是从病虫害、植物生长与外在环境条件的复杂关系出发，研究病虫害发生的规律、特点以及影响其发生与为害的相关因素，找到病虫害生长繁殖中的薄弱环节，结合栽培技术等措施，进而达到消灭病虫害，或有效抑制其生长发育、发生为害的目的。主要包括以下具体措施：选育抗性强的优质品种、土地深耕细作、轮作换茬、科学施肥、科学浇灌及排水、田间管理、合理密植、整形修剪等栽培技术。

3.生物防治

生物防治主要是利用生物之间的关系进行防治的方法，通过选择有益生物，消灭或控制病虫害，达到防治的目的。有益生物主要包括捕食性昆虫、微生物、鸟类、寄生性昆虫等。对于病害的生物防治，主要是利用有益菌和抗生素等生物制剂控制病害。

4.物理防治

物理防治主要通过研究桃树植株、害虫的生理结构、病原体的形状大小及其习性等生理规律，利用自然因素和机械因素，如光照、温度、湿度、风力、密度等，达到防治病虫害的目的。具体操作方法包括育种选种、温度控制、诱捕诱杀、隔离防护等。

5.化学防治

化学防治是桃树病虫害防治最常用的方法。通过喷洒化学制剂，消灭和预防病虫害，使用范围较为普遍。具有方法简单，易操作，应用面较广，防治效果好，在短时间内即可达到防治目的等优势；但是化学农药的使用会带来环境污染、杀害有益生物及毒性残留等问题。

二、桃树病虫害综合防治措施

桃树种植发展速度较快，对于桃园的管理，病虫害的防治依然是主要内容，也是技术要求较高、操作难度较大的工作；尤其是一些新建立的桃园，病虫害防治基础较弱，防治手段的运用不成熟，容易造成品质下降、产量降低、农药残留、环境污染等严重问题。目前，全社会正在大力倡导绿色、无公害食品，大力宣传环境保护，在这种形势下，以传统的化学防治为主的防治手段有些不合时宜，难以满足市场经济发展对绿色果品的需要，必须及时改进，变被动防治为主动防治，破除单一药剂防治手段。

1.努力提升桃园土、肥、水的管理水平

及时改善土壤结构，均衡施肥，科学浇灌，及时排水，提升桃树的生长势及其抗病虫的能力。施肥时，重点是秋季施基肥，保证基肥充足；肥料的搭配上，要以有机肥为主，科学掺入其他肥料。追肥阶段前期以氮肥为主，中后期以磷、钾肥为主。

2.休眠期（11月至翌年2月份）病虫害防治

（1）**病虫发生特点**　进入11月份以后，桃树逐渐进入了休眠期，病菌和害虫也进入了越冬状态，树体抗药力增强。因此，抓住休眠期进行越冬防治，可收到事半功倍的效果。

（2）**防治方法**

① 清洁桃园　秋季桃树落叶后，清扫地面落叶、落果和杂草；根据桃树的生长情况，结合冬季修剪，做好桃园的彻底清理工作。剪除病虫为害的病枝、蛀虫枝条，一旦发现病虫僵果，及时摘除或剪除病，然后及时将剪断的病枝、病叶、病果以及脱落的树枝、叶、果实彻底清理，带出园外，集中烧毁或深埋，消灭在落叶中越冬的桃穿孔病菌、桃潜叶蛾和在病僵果中越冬的棉褐腐病菌、桃实腐病菌等。

② 刨树盘　秋季或早春结合施基肥进行刨树盘，既能疏松土壤、促进根系发育，又能消灭在土缝中越冬的山楂叶螨雌成螨，挖出在树干周围土中越冬的草履蚧卵囊，以及其他在土壤中越冬的害虫。

③ 浇灌越冬水　在有条件的桃园，冬前浇封冻水，可杀灭在土壤中越冬的山楂叶螨、小绿叶蝉、桃潜叶蛾等害虫。

④ 刮刷树皮和枝干　彻底刮除树上的老翘皮，如果发现主枝、主干出现病虫，应当及时刮治，可消灭在树皮缝隙中越冬的山楂叶螨、梨小食心虫、棉褐带卷蛾、桃蛀螟、梨星毛虫等害虫。刷枝干可消灭在枝干上越冬的桑白蚧、朝鲜球坚蚧等介壳虫。发现有大青叶蝉产卵的枝干、枝条，可用小木棍挤压卵块，将其杀死。

⑤ 消毒灭菌　要做好桃园的全面消毒工作。在桃树萌芽前，全面喷洒3～5波美度的石硫合剂。石硫合剂是较为理想的清除剂，可消灭一些越冬菌原，杀死越冬虫卵及幼虫，对许多越冬的病虫源有很好的防治效果，可防治桃穿孔病、桃褐腐病、桃疮痂病、桃流胶病，以及山楂叶螨、朝鲜球坚蚧、草履蚧、桑白蚧等多种病虫害。进行消毒时，必须喷匀、喷透、仔细全面，努力降低桃园病虫害的发生概率，从而达到预防的目的。或喷洒99.1%敌死虫乳油200倍液，

或95%机油乳剂150～200倍液，可杀死多种叶螨、蚜虫、介壳虫等。如果发生桃树腐烂病、干腐病等枝干病害，可在轻刮病皮后，涂抹5%菌毒清水剂30～50倍液或4%农抗120水剂50倍液，或斯米康10～20倍液涂干。

（3）科学修剪　定期对桃树进行整形修剪，努力提升修剪水平，保证树体有良好的结构，改善植株的光热条件。尽量选择长枝进行修剪，对于一年生的枝条坚持疏剪、长放的原则，尽量避免短截修剪；枝条更新时，采用短截缩减方法。根据桃园种植密度和桃树的树形，其主枝数量应该控制在1300～1500个/公顷，原则上不留侧枝。每个主枝约留8个中大型结果枝组，主枝角度应控制在55°～65°。进行长枝修剪时，注重疏花疏果及夏季修剪，保证通风透光，确保达到最佳效果。

3.春季花期前后（3～4月）病虫害防治

（1）病虫发生特点　随着气温逐步回升，病菌和害虫开始活动，此时抓紧防治，对压低全年病虫发生基数，具有重要作用；防治重点是桃疮痂病、桃褐腐病、桃细菌性穿孔病、桃树腐烂病、桃蚜、山楂叶螨、朝鲜球坚蚧、草履蚧、桑白蚧、小绿叶蝉等病虫。

（2）防治方法　桃树在花期对农药特别敏感，一般不喷洒药剂，否则极易发生药害，必须在花前或花后用药。

① 病害防治

a.桃树腐烂病。春季是桃树腐烂病的发病高峰期，发现病树后，应及时涂刷杀菌药剂，过半个月后，再涂刷1次。但应注意，防治该病不可对病斑进行刮治，因桃树受伤后，伤口不易愈合，极易引发流胶病。药剂可选用5%菌毒清水剂30～50倍液，或4%农抗120水剂50倍液，或腐必清2～3倍液，或斯米康10～20倍液，涂干。

b.桃缩叶病。早春低温多雨的年份发病重，可在花芽露红时开始第一次喷药，以杀死在芽鳞上越冬并开始活动的病菌。药剂可选用

2～4波美度的石硫合剂，或等量式波尔多液100倍液，或50%多菌灵800～1000倍液，或70%甲基托布津可湿性粉剂800～1000倍液，并及时摘除病叶、病梢，集中烧毁，以减少菌源。

c.桃疮痂病。从落花后10～15天开始喷药，每隔约15天喷1次，直至6月下旬。药剂可选用3%的克菌康可湿性粉剂600～800倍液，或70%代森锰锌可湿性粉剂500～600倍液，或70%甲基托布津可湿性粉剂800～1000倍液，或石灰半量式波尔多液100倍液，或40%多菌灵胶悬剂400～600倍液，或0.3波美度的石硫合剂。以上药剂交替使用，效果更好。

d.桃褐腐病。从开花至果实成熟都可发病，如果在花期和果实成熟期遭遇雨雾天气，发病更重。可在开花期前后，各喷1次50%速克灵或50%苯菌灵可湿性粉剂1500倍液，也可在落花后10～15天，结合桃疮痂病进行喷药防治。

e.桃黄叶病。为生性理病害，主要是因缺铁引起叶片黄化。桃树发芽后，开始发现叶片变黄时，可喷0.2%～0.3%的硫酸亚铁溶液，或速效铁400～500倍液。

② 虫害防治　应抓住害虫出蛰盛期进行喷药防治，可收到较好的防治效果。桃树蚜虫、粉蚜、瘤蚜等害虫在植株展叶后开始逐渐为害，紧接着蜘蛛、捕食螨、草蛉、瓢虫、食蚜蝇、蚜茧蜂等大量捕食性的有益昆虫也会开始活动，要充分利用这些害虫的天敌，以虫治虫，达到控制蚜虫为害的目的。如果虫害十分严重，仅靠生物防治效果不明显，此时可以选择治蚜虫的药5～10倍树干涂抹。方法：将主干老表皮刮除约10厘米宽，幼树可不用刮皮，直接涂药，然后用废纸或塑料薄膜包扎，可以有效消灭害虫，还可以保护天敌不受药害。

a.蚜虫、小绿叶蝉等害虫。3月中下旬是越冬桃蚜的孵化期、朝鲜球坚蚧越冬若虫和小绿叶蝉越冬成虫出蛰盛期，应抓紧喷药防治。药剂可选用10%的吡虫啉可湿性粉剂4000～5000倍液，或3%莫比朗乳油2000～2500倍液，或50%抗蚜威可湿性粉剂2000倍液；如果单治小绿叶蝉可用25%扑虱灵可湿性粉剂1000～1500倍液，并可兼治朝鲜球坚蚧、桑白蚧等。

b.叶螨、介壳虫等害虫。4月中旬前后，是山楂叶螨越冬雌成虫出蛰盛期和朝鲜球坚蚧成虫羽化盛期，要抓紧防治。防治山楂叶螨药剂可选用1.8%阿维菌素乳油5000倍液，或10%浏阳霉素乳油1000倍液，或15%哒螨灵乳油3000～4000倍液；防治朝鲜球坚蚧、桑白蚧药剂可选用99.1%敌死虫乳油200倍液，或95%机油乳剂150～200倍液，或25%扑虱灵可湿性粉剂1000～1500倍液等药剂，可控制虫害。

4.幼果至膨果期（5～6月份）病虫害防治

（1）**病虫发生特点** 5～6月份，桃树进入膨果期，也是多种病虫害盛发期，应抓紧防治。防治重点是桃穿孔病、桃褐腐病、桃疮痂病、桃炭疽病、桃树流胶病，以及梨小及桃小食心虫、蚜虫、叶螨、介壳虫、桃潜叶蛾、卷叶蛾、金龟甲、天牛等。

（2）**防治方法** 经济价值较高的桃园，采取果实套袋，对控制果实病虫为害具有明显的效果。

① 病害防治

a.桃穿孔病。5月上中旬，桃穿孔病进入盛发期，尤以细菌性穿孔病发生最重，可采用3%克菌康可湿性粉剂600～800倍液，每隔约15天喷1次，连喷2～3次。对真菌引起的穿孔病，可用70%甲基托布津800～1000倍液，或50%多菌灵可湿性粉剂800～1000倍液，进行防治。

b.桃炭疽病。如果5月上中旬炭疽病发生较重，可选用70%甲基托布津可湿性粉剂1000倍液，或50%多菌灵可湿性粉剂800～1000倍液，或75%百菌清可湿性粉剂800倍液，喷雾。

c.桃流胶病。对真菌引起的流胶病，可在5月中旬开始，每隔半个月喷1次70%甲基托布津800～1000倍液，或75%百菌清800～1000

倍液，或50%克菌丹可湿性粉剂800～1000倍液，连喷2～3次。对生理原因引起的流胶病，主要措施是加强栽培管理，增强树势，防止日灼和出现伤口，以减少流胶病的发生。

d.其他病害。桃褐腐病、桃疮痂病、桃缩叶病、桃黄叶病等病害，仍需继续坚持防治，方法与春季3～4月花期前后的病害防治方法相同。

② 虫害防治

a.诱杀成虫。利用多种害虫的趋光性、趋化性，采用频振式电子杀虫灯、糖醋液以及性诱剂，诱杀成虫。

b.剪虫梢。及时剪除被梨小食心虫为害的虫梢，剪除桃梢萎蔫部分以下1厘米为宜，将虫梢集中后，进行深埋或烧毁。

c.诱集成虫产卵。如果草履蚧发生较重，可在5月中下旬草履蚧雌成虫开始下树产卵时，在树干基部周围挖坑，在坑内放上树叶、杂草等诱集产卵，随后集中烧毁。

d.释放赤眼蜂。在5月上旬和6月上中旬，梨小食心虫越冬代和第一代成虫产卵期，以及6月上旬棉褐带卷蛾第一代成虫产卵初期，释放松毛虫赤眼蜂，每隔3～4天放1次，连放4～5次，放蜂量8万～10万头/667平方米，卵寄生率可达90%以上。

e.药剂防治。对桃潜叶蛾，利用性诱剂预报成虫，当田间出现大量成虫并有少量被害叶片时，进行防治。药剂可选用25%灭幼脲3号悬浮剂1500～2000倍液，或20%杀铃脲悬浮剂8000倍液，或30%蛾螨灵悬浮剂2000倍液（可兼治山楂叶螨）。

f.对桃红颈天牛，清晨可以人工捕杀成虫，效果明显。麦收前后，天牛交尾产卵，5～6月份是天牛幼虫严重为害期，可将蘸有80%敌敌畏乳油4～5倍液的棉球塞入蛀孔，并用黄泥封住孔口，熏杀幼虫，防治效果在98%以上。

g.重点防治食心虫。很多果园将苹果、梨树和桃树混合栽种，造成桃小食心虫、苹小食心虫、梨小食心虫、梨大食心虫、桃蛀螟等蛀果类害虫为害较重，蛀干害虫容易造成桃树枝折断。通常在6月，人工摘除受损的断枝，降低害虫基数，适量用药，将害虫消灭在蛀果前，但切勿频繁用药，以减轻对天敌的伤害。在害虫产卵期，可释放一定数量的赤眼蜂。脱果前期，在距离地面约30厘米处悬挂草把，引诱害虫越冬，选择在温度较低时集中烧毁，降低越冬害虫基数。

h.其他害虫。5~6月份是桃树上蚜虫、叶螨、叶蝉、介壳虫等害虫为害盛期，应抓紧防治，防治药剂与春季3~4月花期前后的虫害防治方法相同。

5.采果期前后（7~10月）病虫害防治

（1）病虫发生特点 桃树早、中、晚熟品种很多，桃果实成熟、采收期差别很大，早熟品种6月上中旬就可成熟，晚熟品种直至11月上中旬才能成熟。无论什么品种，进入采收期后，叶部病害已相对稳定，一般不需防治。但桃园缺铁较重的园片，桃黄叶病为害还会继续加重，表现为叶片黄化现象，严重时还会出现病叶枯焦、枝梢枯死。果实病害（如桃褐斑病、桃炭疽病、桃疮痂病等）在中熟品种仍会严重发生，为害较重；晚熟品种则发生较轻，进入10月中旬以后，一般不再需要防治。

虫害以7~8月份为害较重，如山楂叶螨、桑白蚧、小绿叶蝉、桃潜叶蛾、红颈天牛等仍需根据虫情及时防治；早、中熟品种虽然已采收，但如果叶片、枝干上的病虫发生较重，仍需进行防治，否则会造成大量落叶，枝干枯死，影响树势和翌年产量。

（2）防治方法 根据桃园病虫发生趋势，确定防治重点及兼治对象，及时采取措施进行防治，用药种类同前。

三、桃树病虫害综合防治历

（1）桃树病虫害综合防治 见表4-1~表4-3。

（2）果园植保注意事项

表4-1　桃树无公害病虫害综合防治

防治时期	防治对象	防治措施	备注
3月中下旬（休眠期）	褐斑病、穿孔病、炭疽病、缩叶病、腐烂病、疮痂病等越冬菌源	刮老翘皮，剪除病虫枝梢，清扫落叶、杂草等，集中烧毁或深埋；对溃疡病斑涂抹5～10倍21%菌之敌，或10～20倍的斯米康；病虫果（含小僵果）500～600倍液，或5%菌必净500倍液，或斯米康800～1000倍液	最好在药液中加入强渗农药增剂500倍液
	螨类（红、白蜘蛛）	1.8%克螨克星5000倍液＋5%尼索朗1500倍液，或1.2%红白螨死200倍液	防治蚜虫的关键时期；早熟品种易患缩叶病，为此期防治重点；用杀卵与杀成螨的药剂混用，可避免杀成螨后期红、白蜘蛛泛溢
4月上中旬（萌芽期）	缩叶病	38%粮果丰600倍液	
	蚜虫	10%吡虫啉5000倍液，或5%绿园2号2000倍液	
	桃一点叶蝉	40%新农宝1500倍液	
	潜叶螨	20%除虫脲5000倍液	
	红、白蜘蛛	1.2%红白螨死2000倍液＋20%螨死净粉剂2000倍液	
	缺钙症	硼钙宝800倍液	
4月下旬～5月上旬（坐果及新梢生长始期）	果实、叶片、枝病害	50%病立除600倍液，或60%轮纹克星500倍液	防治褐腐病、穿孔病、炭疽病、疮痂病，也是防治梢卷虫、介壳虫关键时期；新梢长到6～7厘米；防治卷叶蛾越冬代幼虫；防治耐药性害虫，药液中加喷药效王4000倍液
	缩叶病	5%菌必净500倍液	
	梢卷叶虫、卷叶虫	40%双灭铃1500倍液	
	潜叶螨	20%除虫脲4000倍液	
	介壳虫、蚜虫	3%衣不老1500倍液，或5%绿园2号2000倍液	
	缺钙症	硼钙宝600倍液	
5月中旬（幼果发育及新梢速长期）	果实、叶片、枝梢病害	60%拓福800倍液，或60%轮里立克600倍液	为防治流胶病，桃蛀螟、梨小食心虫的关键时期；蝽象为害后，幼果多呈畸形，喷药最直径2厘米时适宜
	流胶病	21%果腐康10倍液，涂抹流胶处	
	蚜虫	10%吡虫啉5000倍液	
	蝽象、梨小食心虫、桃小食心虫、桃蛀螟	40%新衣宝1500倍液	
	缺钙症	硼钙宝600倍液	

防治时期	防治对象	防治措施	备注
5月下旬~6月上旬（早熟果实膨大及新梢精速长期）	果实、叶片、枝梢病害	70%菌杀宝 500 倍液，或 80%普诺 600 倍液	被桃蛀螟为害的新梢，要及时剪除烧毁；严重的，应加强防治；用黑光灯诱杀桃蛀螟成虫，可兼治梨小食心虫、梨椿象成虫
	红、白蜘蛛	1.2%红白螨死 2000 倍液，或 1.8%虫螨克星 5000 倍液	
	卷叶蛾、潜叶蛾	40%新农宝 1500 倍液＋20%除虫脲 5000 倍液	
	介壳虫	5%绿园 2 号 4000 倍液，或 3%衣不老 2000 倍液	
	桃蛀螟、桃一点叶蝉	40%双灭铃 1500 倍液，或 40%新农宝 1500 倍液	
	桃蚜虫	10%吡虫啉 5000 倍液	
	缺钙症	硼钙宝 6000 倍液	
6月中旬（早熟果实硬核期，中熟果实膨大期）	果实、叶片、枝梢病害	20%井·胞杆菌 300 倍液，或 50%轮炭清 500 倍液	为增加药效，药液中混加果树强渗农药增效剂 1500 倍液
	梨小食心虫、椿象	40%新农宝 1500 倍液，或 40%双灭铃 1500 倍液	
	红、白蜘蛛	20%采螨 3000 倍液＋20%螨死净粉剂 2000 倍液	
	潜叶虫	3%衣不老 2000 倍液，或 5%绿园 2 号 4000 倍液	
6月下旬~7月初（果实膨大及副梢生长）	果实、叶片、枝梢病害	60%轮纹克星 500 倍液，或 50%病立除 600 倍液	为防治棉铃虫的第 2 个关键时期
	棉铃虫	40%双灭铃 1500 倍液	
	潜叶蛾	20%除虫脲 5000 倍液	
	卷叶蛾、一点叶蝉	40%新农宝 1500 倍液	
	缺钙症	硼钙宝 600 倍液	
7月中旬（中熟果实膨大及花芽分化期）	果实、叶片、枝梢病害	60%轮星立克 800 倍液，或 60%拓福 800 倍液	白蜘蛛重的果园，选择齐螨素和尼索朗混用，卵螨皆杀
	梨小食心虫	40%新农宝 1500 倍液	
	介壳虫	5%绿园 2 号 3000 倍液	
	红、白蜘蛛	1.8%虫螨克星 4000 倍液＋5%尼索朗 2000 倍液	

表4-2　桃园全年植保方案参考（一）

防治时期	主要病虫害及防治措施	每667平方米药剂用量（按667平方米用水量200千克计算）
3月上、中旬	病虫害：桃穿孔病、桃褐腐病、桃流胶病、山楂叶螨、朝鲜球坚蚧、草履蚧、桑白蚧等 防治措施： （1）刮去流胶瘤后，用5%菌毒清水剂30～50倍液或4%农抗120水剂50倍液涂患处； （2）40%杜邦福星（40%氟硅唑，下同）8000倍液＋40%大杀介（40%扑杀磷，下同）1500倍液清园； （3）及时清园和修剪	40%杜邦福星25毫升或40%大杀介133毫升
3月下旬	病虫害：枝干病害、介壳虫、红蜘蛛 防治措施：80%成标（80%硫黄水分散粒剂，下同）300～500倍液	80%成标400克/667平方米
4月中旬（花前）	病害：缩叶病、流胶病等 防治措施：75%代森锰锌800倍液或72%农用链霉素3000倍液 虫害：介壳虫、梨小食心虫、卷叶虫、潜叶虫、红蜘蛛等 防治措施：25%灭幼脲3000倍液＋4.5%高效氯氰菊酯1500倍液或0.5%阿维菌素3000倍液＋硼肥	每667平方米用75%代森锰锌250克，20%吡虫脒67毫升，4.5%高效氯氰菊酯133毫升，72%农用链霉素67克，0.5%阿维菌素67毫升
5月上旬（花后7～10天）	病害：细菌性穿孔病、缩叶病等 防治措施：10%世高（10%苯醚甲环唑水分散粒剂，下同）3000倍液	10%世高67毫升
	虫害：卷叶病、红蜘蛛等 防治措施：1.8%阿维菌素4000倍液	1.8%阿维菌素50毫升
5月中、下旬（套袋前）	病害：褐斑病等 防治措施：5%治萎灵800倍液＋20%井冈霉素2000倍液 虫害：潜叶蛾、毛虫、蚜虫等 防治措施：25%灭幼脲2000倍液＋4%蚜虱速克（吡·高氯）2000倍液＋钙肥	5%治萎灵250毫升、20%井冈霉素100克；25%灭幼脲100毫升、4%蚜虱速克100毫升
6月中旬	病害：细菌性穿孔病等 防治措施：75%代森锰锌800倍液或70%甲托1200倍液 虫害：桃蛀螟、蚜虫、蚧壳虫等 防治措施：25%灭幼脲3号1500倍液或20%阿维菌素8000倍液	75%代森锰锌250克、25%灭幼脲133毫升、70%甲托167克、20%阿维菌素25毫升

续表

防治时期	主要病虫害及防治措施	每667平方米药剂用量（按667平方米用水量200千克计算）
6月下旬	病害：细菌性穿孔病等 防治措施：50%消菌灵1000倍液 虫害：桃蛀螟、蚜虫等 防治措施：5%杀铃脲5000倍液＋4%蚜氢速克2000倍液	用50%消菌灵200毫升，5%杀铃脲40毫升，4%蚜氢速克100毫升
7月上、中旬	病害：褐斑病等 防治措施：70%代森锰锌600倍液 虫害：介壳虫、桃蛀螟等 防治措施：5%氟铃脲2000倍液	70%代森锰锌334克，5%氟铃脲100毫升
7月下旬	病虫害：潜叶蛾、桃蛀螟、蚜虫、褐斑病 防治措施：25%灭幼脲1500倍液＋20%灭多威1000倍液	25%灭幼脲133毫升，20%灭多威200毫升
8月中旬	病虫害：褐斑病、潜叶蛾、梨小食心虫 防治措施：70%甲基托布津1200倍液＋30%桃小灵（2.5%高效氯氟氰菊酯乳油，下同）1000倍液	用70%甲托167克，30%桃小灵200毫升
8月下旬	病虫害：褐斑病、梨小食心虫等 防治措施：20%粉锈宁1500倍液＋50%多菌灵1000倍液＋5%通脲五号4000倍液	20%粉锈宁133克，50%多菌灵200克，5%通脲五号50毫升
9月上旬	病虫害：红点病、褐腐病、梨小食心虫等 防治措施：摘袋后2～3天，10%世高3000倍液＋氨钙宝600倍液，喷果	10%世高67毫升

表4-3 桃园全年植保方案参考（二）

防治时期	主要病虫害及防治措施	每667平方米药剂用量（按667平方米用水量200千克计算）
3月上中旬	病虫害：桃穿孔病、桃褐腐病、桃疮痂病、桃流胶病、山楂叶螨、朝鲜球坚蚧、草履蚧、桑白蚧等 防治措施： (1) 刮去流胶病疤后，用5%菌毒清水剂30～50倍液或4%农抗120水剂50倍液涂患处； (2) 40%杜邦福星8000倍液＋40%大杀介1500倍液清园； (3) 及时清园和修剪	40%杜邦福星25毫升，40%大杀介133毫升
3月下旬	虫害：枝干病害，介壳虫、红蜘蛛 防治措施：80%成标干悬浮剂300～500倍液	80%成标400克
4月中旬（花前）	病害：缩叶病、流胶病等 防治措施：75%代森锰锌800倍液或72%农用链霉素3000倍液 虫害：介壳虫、梨小食心虫、卷叶虫、潜叶蛾、红蜘蛛 防治措施：20%啶虫脒3000倍液＋4.5%高效氯氰菊酯1500倍液或0.5%阿维菌素3000倍液＋硼肥	75%代森锰锌250克，20%啶虫脒67毫升，4.5%高效氯氰菊酯133毫升，72%农用链霉素67克，0.5%阿维菌素67毫升
5月上旬（花后7～10天）	病害：细菌性穿孔病、缩叶病等 防治措施：10%世高3000倍液 虫害：卷叶蛾、红蜘蛛等 防治措施：1.8%阿维菌素4000倍液	10%世高67毫升，1.8%阿维菌素50毫升
5月中、下旬（套袋前）	病害：褐斑病等 防治措施：5%治萎灵800倍液＋20%井冈霉素2000倍液 虫害：潜叶蛾、毛虫、蚜虫等 防治措施：25%灭幼脲2000倍液＋4%啊氯氰速克（吡·高氯）2000倍液＋钙肥	5%治萎灵250毫升，20%井冈霉素100克，25%灭幼脲100毫升，4%啊速克100毫升
6月中旬	病害：细菌性穿孔病等 防治措施：75%代森锰锌800倍液或70%甲托1200倍液 虫害：桃蛀螟、蚜虫、蚧壳虫等 防治措施：25%灭幼脲3号1500倍液或20%阿维菌素8000倍液	75%代森锰锌250克，25%灭幼脲133毫升，70%甲托167克，20%阿维菌素25毫升

防治时期	主要病虫害及防治措施	每667平方米药剂用量（按667平方米用水量200千克计算）
6月下旬	病害：细菌性穿孔病等 防治措施：50%消菌灵1000倍液 虫害：桃蛀螟、蚜虫等 防治措施：5%杀铃脲5000倍＋4%蚜虫速克2000倍液	50%消菌灵200毫升，5%杀铃脲40毫升，4%蚜虫速克100毫升
7月上、中旬	褐斑病等 病害：70%代森锰锌600倍液 虫害：介壳虫、桃蛀螟等 防治措施：5%氟铃脲2000倍液	70%代森锰锌334克，5%氟铃脲100毫升
7月下旬	病虫害：潜叶蛾、桃蛀螟、蚜虫、褐斑病 防治措施：25%灭幼脲1500倍液＋20%灭多威1000倍液	25%灭幼脲133毫升，20%灭多威200毫升
8月中旬	病虫害：褐斑病、潜叶蛾、梨小食心虫 防治措施：70%甲基托布津1200倍液＋30%桃小灵1000倍液	70%甲托167克，30%桃小灵200毫升
8月下旬	病虫害：褐斑病、褐腐病、梨小食心虫等 防治措施：20%粉锈宁1500倍液＋50%多菌灵1000倍液＋5%通脲五号4000倍液	20%粉锈宁133克，50%多菌灵1000克，5%通脲五号50毫升
9月上旬	病虫害：红点病、褐腐病、梨小食心虫等 防治措施：摘袋后2～3天，10%世高3000倍液＋氨钙宝600倍液，喷果	10%世高67毫升

①喷药技巧。喷药前，明确防治对象。喷雾时，喷嘴朝上，先下、后上，先中间、后外围；大压力、细喷孔。用雾化好的机动施药器械效果好，严禁使用雾化不好的喷枪。喷头不要离幼果太近，要细致均匀，雾滴要小。雨前喷药防效远好于降雨后喷药，不要误认为降雨会冲刷掉药剂，而不在雨前施药，有时连续降雨会贻误时机，造成病虫害大暴发，防治困难。

②药剂混配技巧。混药时，要进行二次稀释，即分别将各单剂用少量水混匀后，再将盛药液容器加入应配水量的2/3，在不断搅拌下，将各单剂逐一加入盛水容器中。

注意 先向药池中加入杀菌剂，其次是杀虫杀螨剂，然后加入叶面肥或钙肥等，最后加水至足量。否则，混合药液离析、沉淀、药剂结块；每次混用药不超过3~4种。

③再好的药剂一年中的使用次数不要超过2次。

④表中农药每667平方米用量，是在常规果园每667平方米用水量200千克情况下，通过最低稀释浓度换算出来的，不同果园因密度、树龄等情况用水量不同，农药用量需要进行适当的调整。药剂施入量是指成龄果园每667平方米施入的制剂量；每667平方米用水量是推荐最少用水量，喷施量以叶片反面均匀湿润，稍有药滴下淌为宜；如果药液不够喷用，可适当增加水量，但每667平方米药剂施入量不可随意增加。

⑤喷药时间指的是山东、河北的大致时期，不同地区有所差异，实际应用时应根据当地实际情况，适当提前或推迟用药。

⑥施用的杀虫、杀螨、杀菌剂，其种类及使用浓度可根据虫害、螨害发生和防治病害种类的不同及耐药情况作适当的调整。果实采摘后，喷施喷克时，可不混加甲基托布津或多菌灵。降雨量多时，应增加杀菌剂的施用次数及使用浓度。

⑦梨小食心虫因其世代多，群体量大，耐药性严重，对于不套袋

桃果，只有采取化学与性信息素防治相结合的方法，才能取得理想的防治效果。

⑧ 各杀虫、杀菌剂均应在果实采收前10～15天停止施药。果实采摘后，根据叶片病虫害发生情况继续用药，以确保正常落叶，保证翌年丰产。

⑨ 为保障防治效果，请严格执行防治方案，不要随意变更施药种类、次序和时间；不必增加或复合任何非推荐的药剂，不得施用波尔多液等铜制剂，以防发生药害。

⑩ 果树病虫害的防治，是根据主要病害的发生情况，以杀菌剂的适时、合理施用为基础，应严格掌握每10～14天喷1次药。杀虫、杀螨剂的使用，可根据虫害、螨害的发生情况和发生种类，施药的种类、使用浓度和时期，耐药性情况，进行适当的调整。

四、农药的使用标准

1. 科学使用农药

农药是林果业生产所必需的生产资料，一方面是林果的"钢铁卫士"，是病虫、杂草等有害生物的大敌；另一方面如果使用不当，它又会给人类健康及生态环境造成直接或间接的损害和破坏。要获得理想的防治效果，应遵循以下几点。

（1）对症下药 "症"指的是病原物和害虫。农药的种类很多，性质各异，每种药剂只对某些一定类群的病原物或害虫有效。针对要防治的病、虫等防治对象，选择最适合的农药品种，防止错用、滥用，并尽量选用对天敌杀伤作用小的农药种类。即使广谱药剂如波尔多液，也只适用于绝大多数的真菌病害，而对白粉病菌效果不佳。由此，在确定病虫的基础上用药，才能有效控制病虫为害，节省不必要的开支。根据病虫预测预报或历年发生规律，按照"防重于治"的原则，在病虫害发生之前喷保护剂，可有效地预防病虫害的发生。要科学用药，根据防治对象的生物学特性和为害的特点，提倡使用生物源农药，尽量使用矿物源农药（如石硫合剂等硫制剂、波尔多液等铜制剂）和低毒有机合成农药，尽量少用化学合成的农药，必须使用时，要选择高效、低毒、低残留的化学农药（如杀铃脲、蛾螨灵、福星、代森锰锌等）。

（2）**适时用药**　在使用化学农药前，应在认真搞好病虫情况调查的基础上，做到"适时、适药、适量、适位"，抓住有利时机，及时用药。尽可能采用高效低毒农药和生物农药相结合。各种病虫害需研究确定其药剂的防治标准，再根据当时的预测预报及时施用，过早过迟都会造成浪费或损失。根据所用药剂的残效期长短、病害流行速度、天气状况和果树生育状况，决定喷药次数及间隔期长短。对于病害应坚持"预防为主，综合防治"的原则，而对于虫害则应见虫施药，或达到一定的防治指标再施药，切忌盲目用药。

（3）**适量用药**　任何农药都有推荐的使用剂量。药量不足，则防效不佳，而且贻误时机；药量过多，又造成浪费。一般情况下，不得任意增减，并注意在高温情况下使用低剂量，低温时适当用高剂量。

（4）**均匀用药**　喷洒农药，要保证喷药质量。必须做到喷布及时、均匀、细致、周到，不留死角，使树冠上下、里外以及叶片正反面喷匀喷透，特别是叶片的背面、果面等是主要的吸收部位和病虫重点为害部位，更应引起注意。

（5）**交替用药**　交替用药可延长农药使用寿命和提高防治效果，减轻污染程度。因此，在选择农药时，为了延长那些高效、特效药剂的使用年限，避免病虫产生耐药性，维持它们的持久威力，要注意适量用药，避免随意加大药量，降低农药的选择压力。在同一地块内，不要连续多年、多次、单一使用同一药剂，同一品种农药连续使用1～2次后，一定要更换成具有相同性质的不同农药品种有效药剂，进行交替使用、轮换使用，或选用杀菌机制不同的2～3种药剂混合使用，防止产生耐性种群。这样既能提高防治效果，又能避免病虫产生抗药性。如杀虫剂中的拟除虫菊酯、氨基甲酸酯、生物农药等几类农药可以交替使用；反之，像波尔多液这类一般性杀菌剂，它的杀菌机制在于铜离子凝固病菌原生质，选择性不强，因而对波尔多液始终尚未发生抗药性问题，可放心坚持使用。

（6）合理混用农药　合理混用是将两种或两种以上作用机制和防治对象不同的农药混合起来防治病虫害，既可以节省人力、物力、财力，也可以扩大防治对象和提高防治效果，延缓病虫产生耐药性。混用的主要原则是：混用必须增效；其有效成分不能发生化学反应；不能增加对人、畜的毒性；要随混随用，不得久放；切忌酸性农药与强碱性的波尔多液以及石硫合剂混用；成品的复配农药与其他复配制剂不得混用，以防发生药害。

（7）提高喷药质量

① 在实际调查的基础上，根据防治对象，准确选用农药种类和用量，选用正规的大中型农药生产厂家的产品，特别是要购买名牌产品或著名商标产品；要去正规的、有良好信誉度的商店购买农药。

② 有多种剂型农药需混合喷药时，喷药前，先将粉剂农药用少量水稀释成母液，再放进事先灌足水的打药桶内，边倒边搅拌，然后再放其他乳油或水剂农药，充分搅匀。喷药时，要加入渗透剂和助剂。主要作用是破除水珠状药液的张力，使药液及时布展到叶片上，达到快速渗透和吸收，并且耐雨水冲刷。还应合理使用助剂，助剂是协同农药充分发挥药效的一类化学物质，其本身没有防治病虫活性，但可促进农药的药效发挥，提高防治效果。如介壳虫类和叶螨类，表面带有一层蜡质，混用某些助剂后，不但可以提高药液的黏附能力，还可增加药剂渗透性，提高防治效果。

③ 喷药方法是先内膛、后外围，即喷药人员先站在树干旁边向外及四周喷洒，然后再站到外围向内喷。

④ 一天中喷药时间要科学，特别在夏季气温高、晴天喷药时，应在上午10时以前、下午4时以后为宜，切忌中午高温喷药，以防药

液中水分蒸发过快，药液浓度迅速增高，而发生药害和喷药人员中毒。

⑤ 配制药液要用小量筒量取原液，准确量取，随用随配，不可用瓶盖随意配制，或将大量药液配成母液后再稀释，以免配制过多而浪费。

2.农药浓度稀释计算

（1）农药稀释浓度表示方法

① 倍数法　药液（或粉剂）中稀释剂（水或其他填充剂）的量为商品农药量的数倍。例如50%多菌灵可湿性粉剂1000倍液，表示1份50%多菌灵可湿性粉剂加水1000份后的药液。倍数法一般不能直接反映出农药有效成分的稀释倍数，但应用起来很方便。在稀释农药时，如果未注明按容量稀释，倍数法一般都是按重量计算。实际上，稀释倍数越大，按容量计算与按重量计算之间的误差就越小。在应用稀释倍数时，通常采用以下两种方法。

a.内比法　指稀释100倍或100倍以下的药液，计算时要扣除原药剂所占的份数，如欲稀释50倍药液，即用原药1份，加49份稀释剂配制而成。

b.外比法　指稀释100倍以上的药液，计算时不扣除原药剂所占的份数。例如欲配制700倍液，即用原药剂1份加稀释剂700份配制而成。

② 百分（%）浓度法　百分浓度即100份药液（或药粉）中，含农药有效成分的份数，用%表示。例如10%速灭杀丁药液，表示100份这种药液中含有10份速灭杀丁。

百分浓度又分为重量百分浓度和容量百分浓度。固体之间或固体与液体之间配药时，常用重量百分浓度；液体之间配药，常用容量百分浓度。

③ 百万分浓度　百万分浓度表示100万份药液（或药粉）中，含农药有效成分的份数。用每升水或每千克物质中所含的毫升数或毫

克数，即毫升/立方米或毫克/千克表示，也可用10^{-6}表示这种表示方法，常用于使用质量分数极低且量少的农药。例如乙烯利100×10^{-6}的溶液，即表示100万份这种溶液中，含有100份有效成分乙烯利。

④ 波美度（波美度）　为石硫合剂有效成分的表示单位，用"Be"表示，它表示质量分数与比重呈正相关，可用波美比重计直接量出。

（2）不同浓度之间的换算

① 百分浓度与百万分浓度间的换算

$$百万分浓度＝百分浓度\times10^{6}$$

② 百分浓度与倍数法之间的换算

稀释药液百分浓度(%)＝[原药剂浓度(%)/稀释倍数]×100

（3）农药稀释计算

① 按有效成分计算

原药剂浓度×原药剂用量＝稀释药剂浓度×稀释药剂用量

② 按倍数计算（该方法不考虑药剂的有效成分含量）

稀释剂用量＝原药剂用量×稀释倍数

（4）常用几种药剂配制

① 波尔多液　是极为重要的植物保护性杀菌剂，配制方法简便，由硫酸铜（蓝矾）、生石灰和干净的水按比例调配而成，为天蓝色胶状悬浊液；呈碱性，有良好的黏附性能，应现配现用。

a. 精选原料　选用优质、纯净、洁白、重量轻的块状生石灰；选用蓝色结晶硫酸铜（含量在98%以上）。

提示　硫酸铜若为黄色或绿色粉末，则药效降低，不宜使用。

b. 配制方法　先将硫酸铜在非金属容器内用适量热水化开，然后用细箩过筛，去掉杂质。准备2个桶，一桶加水45千克（或加入总水量90%的水），加硫酸铜0.5千克，溶解为硫酸铜稀溶液；另一桶放水5千克（或加入总水量10%的水），加生石灰0.5千克，化开后，也应滤去残渣，配成石灰乳。然后将硫酸铜溶液徐徐加入石灰乳桶中（需要量大时，也可先将石灰液倒入大缸或水泥池中），并同时边加边用木棒用力迅速搅动，倒完后继续搅拌2～3分钟，即配成可用于杀菌防病的波尔多液。

② 石硫合剂　由石灰、硫黄和水按比例熬制而成。是一种具有杀菌、杀螨作用的强碱性农用杀菌、杀虫剂，为红褐色半透明液体，有臭鸡蛋味，对皮肤有腐蚀作用。早春萌芽前，使用3～5波美度稀释液，可防治锈病、白粉病、红蜘蛛、介壳虫等。

a.精选原料　选完全烧透、色白的优质块状生石灰（不宜用熟石灰），硫黄粉越细越好，若为硫黄块，应磨成粉末（硫黄要40目的细度）。

b.配制方法　按石灰0.5千克、硫黄1千克、清水5千克比例，先将石灰化开，加水煮沸，再将调成糊状的硫黄，徐徐倒入石灰乳中，迅速搅拌，继续煮沸40～60分钟，待锅内药液呈红褐色时停火，经冷却，滤出渣子，即为石灰硫黄合剂原液。如果用药量大，石灰、硫黄和水按1∶2∶10比例成倍增加，熬制方法与上相同。在熬制过程中，可用开水补充蒸发出去的水分。

提示　稀释后的药液应现配现用，不宜储放。

③ 使用浓度　在病虫害防治中，原液波美度数，可用波美比重计直接测出。可按下边公式，计算出1千克原液应加水的质量倍数。

需加水倍数（千克）＝原液波美度数/需要稀释的波美度数−1

④ 树干涂白剂　涂白剂配制简单，原料来源丰富。其中，最主要是选用加水溶解彻底的优质石灰，也可直接利用石硫合剂生产的残渣（见表4-4）。

传统的涂白剂虽然价格低廉，但在果树生产中应用并不广泛。究其原因，一是配制麻烦，需要生石灰、硫黄粉、盐、植物油等多种材料，如配制比例掌握不好，多余的生石灰会在树干上继续熟化，吸收水分放热而烧伤树皮，对光皮或薄皮的树木影响较大；二是细度差、

表4-4 常用的树干涂白剂配方表

配方	应用
（1）生石灰10千克＋硫黄1千克＋水40千克 （2）生石灰10千克＋石硫合剂残渣10千克＋水10千克	涂刷树干基部（高约10～50厘米），防治天牛、叶蝉等产卵；防治树干溃疡病、腐烂病等
生石灰10千克＋石硫合剂原液1千克＋盐1千克＋动物油200克＋水40千克	防日灼、蚜虫
生石灰10千克＋盐2.5千克＋硫黄1.5千克＋动物油200克＋水40千克	涂干，防冻伤、腐烂病
生石灰10千克＋盐4千克＋动物油200克＋豆面200克＋水40千克	涂树干，防冻伤
生石灰50千克＋硫黄2.5千克＋胶类1.5～2千克＋盐100克＋水75～100千克	涂树干，防冻伤、腐烂病、日灼、蚜虫等

易沉降，无法实现机具喷施，全靠手工涂刷，比较费工，目前仅对主干部位涂白，不能做到大枝干全面涂白；三是涂白不均匀，无法全部渗透到树皮缝隙中，灭菌杀虫不彻底；四是涂白剂从树干上大量滴落，浪费大；五是涂刷后，易脱落，保护时间短，防病虫效果差；六是连年使用，涂白剂脱落后，易导致或加重根部土壤盐碱化程度；七是传统的人工涂刷劳动强度大，费工费时，人工成本很高。

为了克服以上传统涂白剂及传统涂白的缺点，达到"高质、高效、环保、节约"的绿化管养要求，现在应用粉末状涂白剂，其主要成分类似涂料。这种工厂化生产的涂白剂与传统的涂白剂相比，使用更方便，更有利于储存，也增加了杀钻蛀性害虫的应用效果。常用的新型可用机器喷涂树干的涂白剂为"国光糊涂A"，有以下优点（图4-1）。

图4-1 新型涂白剂"国光糊涂A"

第一,可用机器涂白，大幅度提高工作效率。新型涂白剂配比简单，只需按比例兑水即可，节约了人工成本，降低了劳动强度；使用机器喷射，比人工涂刷省时又省力，而且综合成本仅为人工涂刷的60%。

第二，喷涂后不易脱落，耐雨水冲刷能力强，保护时间长。传统涂白剂在树上留存时间仅2～4个月，新型涂白剂降雨后，未发现涂白剂有脱落现象，黏附力强，耐雨水冲刷。保护期长，最短能保证6个月以上，长可达1年以上。用"国光糊涂（A剂）"，保护时间可比传统涂白剂时间长2～4倍，喷1次相当于传统涂白剂2～4次。

第三，针对不规则的树干，喷涂可实现全覆盖，有效提高了防病虫效果，为以后防虫治病降低了成本。对于轮纹病、腐烂病造成的树皮粗糙和有较大凹陷或缝隙的树，还有受蛀干性害虫或白蚁为害而干枯裂皮的树木等，传统涂白方式极难操作，不能实现全面覆盖；新型喷涂剂操作方便，喷射力强，涂白剂可渗透到树皮缝隙中，实现全面覆盖，有效提高涂白作用的发挥，提高了防病虫的效果。

第四，新型涂白剂利用率高，减少浪费。传统涂白剂人工涂刷，涂刷时约30%以上掉入土中；而采用喷涂，涂白剂黏着性好，比人工涂刷明显减少浪费。

第五，新型涂白剂配方环保、科学，采用特别的原料成分制作而成，pH值近中性，可有效减缓土壤盐碱化，碱性也比传统的涂白剂弱很多。新型涂白剂使用喷涂法喷涂，在相同的保护时间内，滴落在土壤中的量仅为传统涂白剂人工涂刷滴落量的1/10，且不含盐，这就大大地降低了对果树根部土壤的盐碱化程度，有利于树体健康生长。

提示　为减少涂白剂浪费和提高利用率，幼龄果园使用背负式电动喷雾器喷施；大型成龄果园用传统三缸柱塞式机动打药机喷施；正式喷涂前，应先调整喷涂压力进行试喷，防止因压力过大或过小而产生喷涂不均匀、浪费大的情况。

参考文献

[1] 冯玉增. 桃病虫害诊治原色图谱. 北京：科技文献出版社，2010.01.

[2] 王江柱，陈海江. 桃、杏、李高效栽培与病虫害看图防治，北京：化学工业出版社，2011.10.

[3] 王江柱，席常辉. 桃、李、杏病虫害诊断与防治. 北京：化学工业出版社，2014.01.

[4] 李知行，杨有乾. 桃树病虫害防治. 北京：金盾出版社，2009.02.01.

[5] 王江柱，徐扩，齐明星. 果树病虫草害管控优质农药158种. 北京：化学工业出版社，2016.02.